钢管混凝土柱钢纤维高强混凝土剪力墙抗震性能及计算方法研究

尤培波　著

黄河水利出版社
·郑州·

内容提要

本书论述了作者近年来在钢管混凝土柱钢纤维高强混凝土剪力墙结构方面取得的试验研究结果和阶段性理论,主要内容包括绪论、试验概况、钢管混凝土柱钢纤维高强混凝土剪力墙试验结果分析、钢管混凝土柱钢纤维高强混凝土剪力墙受剪承载力计算方法、钢管混凝土柱钢纤维高强混凝土剪力墙受弯承载力计算方法、钢管混凝土柱钢纤维高强混凝土剪力墙恢复力性能计算及结论与展望。

本书内容新颖且较为系统,可供高等院校土建类专业教师、研究生、本科生和有关工程科技人员阅读参考。

图书在版编目(CIP)数据

钢管混凝土柱钢纤维高强混凝土剪力墙抗震性能及计算方法研究/尤培波著.—郑州:黄河水利出版社,2022.5

ISBN 978-7-5509-3079-7

Ⅰ.①钢… Ⅱ.①尤… Ⅲ.①钢筋混凝土柱-高强混凝土-剪力墙结构-抗震性能-研究 Ⅳ.①TU375.3

中国版本图书馆 CIP 数据核字(2021)第 174671 号

组稿编辑:陶金志　　电话:0371-66025273　　E-mail:838739632@qq.com

出 版 社:黄河水利出版社　　网址:www.yrcp.com

地址:河南省郑州市顺河路黄委会综合楼 14 层　　邮政编码:450003

发行单位:黄河水利出版社

发行部电话:0371-66026940、66020550、66028024、66022620(传真)

E-mail:hhslcbs@126.com

承印单位:河南新华印刷集团有限公司

开本:787 mm×1 092 mm　1/16

印张:9.5

字数:165 千字

版次:2022 年 5 月第 1 版　　印次:2022 年 5 月第 1 次印刷

定价:98.00 元

前　言

剪力墙是高层建筑中常用的抗侧力构件,其延性和耗能不足是引起高层建筑严重损坏甚至倒塌的主要原因。高强混凝土具有高强度、高耐久性、高流动性等诸多优点,应用于超高层建筑中能有效减小墙、柱等竖向构件的断面尺寸。但高强混凝土受压破坏呈高度脆性,而且强度等级越高,脆性越大。因此,克服高强混凝土的脆性缺陷,使其能更多地应用于高层、超高层建筑中,具有重要的工程意义,也是高强混凝土应用的关键和必须解决的重要基础科学问题。

为了克服高强混凝土的脆性,保证剪力墙具有良好的抗震性能,国内外学者在材料和结构层次上陆续提出了一些改进措施。材料层次方面,在高强混凝土剪力墙中掺入钢纤维,可大幅提高剪力墙的延性和耗能能力等抗震性能;结构层次方面,在高强混凝土剪力墙中置入钢管而形成的钢管混凝土组合剪力墙,能够充分发挥钢与混凝土两种材料性能的优势,有效改善剪力墙的抗震性能。但是,单纯加入钢管仍不能有效控制墙体这种大面积混凝土结构经常出现的裂缝,造成剪力墙极易沿斜向贯通裂缝形成的剪切破坏面产生滑移而迅速破坏。研究表明,将钢纤维掺入高强混凝土中,能够有效地改善高强混凝土裂缝面较光滑的特性和抑制混凝土内部微型裂缝的发展,提高构件承载力和延性。

基于钢管高强混凝土承载力高、刚度大,钢纤维高强混凝土强度高、韧性强和耐久性好等优良特性,作者提出了钢管混凝土柱钢纤维高强混凝土新型剪力墙,并进行试验研究与理论分析,揭示钢管混凝土柱钢纤维高强混凝土剪力墙的受力和抗震机制,建立其受剪承载力、受弯承载力、恢复力模型及计算方法,部分研究成果为我国《钢纤维混凝土结构设计标准》(JGJ/T 465—2019)的编制提供了试验依据和理论参考,对推动钢管高强混凝土和钢纤维高强混凝土的工程应用具有重要的理论意义与应用价值。

全书共7章,主要阐述了钢管混凝土柱钢纤维高强混凝土剪力墙的试验设计和循环加载试验结果;探讨了钢纤维体积率、混凝土强度、轴压比和剪跨比等影响因素对钢管混凝土柱钢纤维高强混凝土剪力墙受剪承载力的影响,分析了其受力机制,建立了其受剪承载力模型及计算方法;分析了钢管混凝土柱钢纤维高强混凝土剪力墙的受弯破坏特点，探讨了钢纤维体积率、钢纤维掺加高度、混凝土强度和轴压比对钢管混凝土柱钢纤维高强混凝土剪力墙受弯承载力的影响，综合考虑钢管和钢纤维的作用，建立了钢管混凝土柱钢纤维高强混凝土剪力墙的受弯承载力模型及计算方法；探讨了钢管混凝土柱钢纤维高强混凝土剪力墙的恢复力性能，分析了其滞回规则，建立了钢管混凝土柱钢纤维高强混凝土剪力墙骨架曲线关键点的计算模型和恢复力性能计算方法。

本书撰写得到了恩师高丹盈教授的悉心指导，在此特别感谢恩师高丹盈教授！恩师严谨的治学态度和精神一直影响着我，感谢他多年来的培养和支持。在我求学的过程中和现在的工作中，母校郑州大学给予了我多方面的支持，在此一并表示感谢！

本书的出版得到了国家自然科学基金青年科学基金项目（52108207）、河南省自然科学基金青年科学基金项目（212300410106）、河南省科技攻关计划项目(212102310933）、河南省高等学校重点科研项目（21A560001）、河南城建学院青年骨干教师项目（YCJQNGGJS202002）及国家级大学生创新创业训练计划项目(202111765021）共同资助，在此表示感谢！

由于作者学识有限，书中疏漏、不当和错识之处在所难免，敬请读者批评指正。

作　者

2022 年 2 月

目 录

第1章 绪 论

1.1 研究背景和意义

钢筋混凝土剪力墙是高层建筑尤其是超高层建筑中关键竖向承压和抗侧力构件[1-12],被广泛应用于地震多发区[13-19],其抗震性能的好坏直接关系着建筑物整体安全[20-22]。最新震害研究表明,引起剪力墙严重损坏甚至倒塌的主要原因在于其较差的延性和耗能等[23-26],位于高烈度地震区的既有普通钢筋混凝土剪力墙存在许多亟待解决的问题。在目前的设计规范中,对于剪力墙特别是高层建筑底部的剪力墙,为了使其满足延性要求,避免脆性破坏,要严格限制其轴压比,因此设计的墙体往往很厚,不但减小了建筑的使用面积,还增加了结构自重[27-31]。另外,普通钢筋混凝土剪力墙的约束边缘构件必须配置大量的箍筋,以有效约束混凝土、防止纵筋受压屈曲[32-33],但配筋密集不但增加了成本,还影响了施工质量[34-38]。

研究表明,引起普通钢筋混凝土剪力墙延性和耗能等抗震性能不足的原因主要有两方面:一方面是约束边缘构件内部纵筋屈服过早,使剪力墙受弯承载力退化较快;另一方面是由于剪力墙底部混凝土压碎剥落后墙体受剪承载力退化较快,降低了剪力墙的耗能能力[39-42]。为了提高普通钢筋混凝土剪力墙延性和耗能等抗震性能,国内外学者陆续提出了一些改进措施,如增加墙体配筋[43]、竖缝剪力墙[44-48]、水平缝剪力墙[49-51]、暗支撑剪力墙[52-57]和型钢混凝土剪力墙等[58-77]。但是,简单地提高钢筋混凝土剪力墙水平和竖向分布钢筋的配筋率并不能有效地改善其延性和耗能能力,避免脆性破坏,反而增加了施工难度[78-80];在墙体中设缝易削弱其截面;加设暗支撑使得墙体配筋复杂;单纯设置型钢暗柱或者内藏钢板等并不能有效控制墙体裂缝[81]。国内外一些学者的研究表明[82-86],在钢筋混凝土剪力墙两端设置钢管混凝土柱而形成的钢管混凝土边框剪力墙,能够充分发挥钢与混凝土两种材料性能的优势[87-95],大幅度提高剪力墙的承载能力[96-99]。

目前,高强混凝土以其优异性能已在高层建筑中得到了广泛应用[100-102],

形成了高强混凝土梁[103-106]、柱[107-124]和剪力墙[125-138]构件等。但高强混凝土脆性较大[139-144]，一定程度上限制了其应用[28]。研究表明，钢纤维高强混凝土具有较高的抗拉、抗裂、抗剪强度以及较好的韧性[145-155]、耐火性能[156-157]等，将其用于结构构件，可有效改善其延性[158-164]、抗疲劳性能[165-166]和抗震性能[167-172]。在高强混凝土剪力墙中掺入钢纤维，可大幅提高剪力墙的延性和耗能能力等抗震性能[173-178]。

基于钢管混凝土柱承载力高、刚度大以及钢筋钢纤维高强混凝土剪力墙延性好、耗能强等优点，本书在钢筋钢纤维高强混凝土剪力墙的两侧采用钢管混凝土柱作为约束边缘构件，形成钢管混凝土柱钢纤维高强混凝土新型剪力墙，特别是结合郑州大学作为主编单位编制我国建筑工业行业标准《钢纤维混凝土结构设计标准》的需要，针对钢管混凝土柱钢纤维高强混凝土剪力墙抗震性能进行了较为系统的研究，相关研究成果可为编制我国《钢纤维混凝土结构设计标准》行业标准提供试验依据和理论参考[168]，对推动钢筋钢纤维混凝土剪力墙在工程建设中的广泛应用具有重要的理论意义和实用价值。

1.2 国内外研究现状

1.2.1 钢管混凝土边框组合剪力墙

在国外，Driver 等[179]、Astaneh-Asl 等[180]对钢管混凝土边框钢板剪力墙进行了一些探索研究。结果表明，该剪力墙设计合理，延性和耗能能力较强。Shirali[96]对设置不同形式连接键的剪力墙节点进行了循环加载试验。结果表明，采用合适的连接键后，钢管混凝土柱和墙板能够保持协同工作。

在国内，廖飞宇等[181]对钢管混凝土边框混凝土剪力墙进行了试验研究，探讨了钢管截面形状、剪跨比、轴压比及内藏桁架等因素对剪力墙抗震性能的影响。结果表明，该剪力墙承载力高，延性和耗能能力较强。2004 年实施的《矩形钢管混凝土结构技术规程》(CECS 159:2004)[182]提出了钢管混凝土边框剪力墙的设计计算方法，夏汉强等[183]进行了钢管混凝土边框剪力墙的数值计算模拟，对文献[182]进行了补充分析。王敏[184]、杨亚彬[185]分别对方、圆钢管混凝土边框混凝土剪力墙进行了抗震性能试验研究。结果表明，方与圆钢管混凝土边框混凝土剪力墙的抗震性能比普通钢筋混凝土剪力墙显著提高。曹万林等[186]对设置不同形式连接键的剪力墙节点进行了循环加载试验。结果表明，采用合适的连接键后，钢管柱与中间墙体可以实现协同工作。

张文江[187]提出了钢管混凝土边框钢板剪力墙,并对其进行了试验研究。结果表明,该剪力墙具有良好的抗震性能。聂建国等[188]对方钢管混凝土柱组合剪力墙进行了拟静力试验研究。结果表明,剪力墙的滞回曲线较为饱满,延性和耗能良好。

综上所述,钢管混凝土边框混凝土剪力墙承载力高,延性和耗能能力较强。但目前对其试验研究及理论分析仍然较少,且不够系统。在试验研究方面,采用的钢筋等级(HPB235、HRB335)较低,对高强钢筋(HRB400、HRB500)均未涉及;除个别试件达到C60外,混凝土强度等级普遍较低;对轴压比影响的研究较少,未形成体系。在理论研究方面,对钢管混凝土柱普通混凝土剪力墙受力机制和承载力计算方法的研究相对较少,所提出的承载力计算公式多为基于试验结果的半经验公式,有必要深入研究其内在工作机制和受力机制,进而建立合理的受剪、受弯承载力计算模型及公式;对其恢复力性能计算方法的研究涉及较少,已有的恢复力模型也多采用试验结果的拟合,理论性不强,有必要建立合理的恢复力模型计算方法,以便于对钢管混凝土柱普通混凝土剪力墙进行地震反应分析等。

1.2.2 钢纤维混凝土剪力墙

在国外,Lim等[176]进行了钢纤维混凝土剪力墙的循环加载试验。结果表明,钢纤维的掺入显著提高了普通钢筋混凝土剪力墙的抗震性能,特别是在延性和耗能方面,提高幅度更加明显。Eom等[177]、Choun等[178]对钢纤维混凝土剪力墙的试验研究也得到了上述类似的结论。

在国内,唐兴荣[189]进行了钢纤维高强混凝土低剪力墙的循环加载试验。结果表明,钢纤维可有效提高高强混凝土剪力墙的受剪能力、延性及耗能能力。杜兴亮[190]、张明[191]、邱计划[192]和赵军等[193]分别对钢筋钢纤维混凝土低剪力墙、钢筋钢纤维混凝土高剪力墙、钢筋钢纤维部分增强混凝土剪力墙和钢筋钢纤维混凝土双肢剪力墙进行了循环加载试验研究。结果表明,钢纤维可明显降低墙体混凝土裂缝宽度,大幅改善剪力墙延性及耗能能力等。楚留声等[194]对钢纤维局部增强剪力墙进行了循环加载试验研究。结果表明,利用钢纤维局部增强明显改善了剪力墙的承载力和延性。钢筋钢纤维混凝土剪力墙的有限元分析和理论建模计算结果同样表明了钢纤维优异的增强增韧作用[195-197]。张晓峰[198]、刘长晟[199]和吴冲[200]分别对钢纤维轻骨料混凝土剪力墙和钢纤维再生混凝土剪力墙进行了试验研究。结果表明,上述两种类型钢纤维混凝土剪力墙均显示出良好的抗震性能。

综上所述,在普通混凝土剪力墙中掺入钢纤维,可以明显提高剪力墙的承载能力,大幅提高其延性和耗能能力。但是,目前的钢纤维混凝土剪力墙抗震性能研究中仍存在一些问题。在试验设计方面,采用的钢筋等级(HPB235、HRB335)较低,对高强钢筋(HRB400、HRB500)均未涉及;轴压比设计过小;对剪跨比中的中高剪力墙涉及较少。在理论分析方面,对钢纤维混凝土剪力墙受力机制和承载力计算方法的研究相对较少,所提出的承载力计算公式多为基于试验结果的半经验公式;对其恢复力性能计算方法的研究较少,已有的恢复力模型也多采用试验数据的拟合。因此,有必要在试验研究的基础上,深入研究钢纤维混凝土剪力墙的受力机制,建立合理的受剪、受弯承载力计算模型及恢复力模型等。

1.3 本书主要研究内容

结合郑州大学作为主编单位编制我国建筑工业行业标准《钢纤维混凝土结构设计标准》的需要,本书开展了钢管混凝土柱钢纤维高强混凝土剪力墙的拟静力试验,探讨剪力墙抗震性能的影响因素,分析剪力墙的破坏模式、受力机制和恢复力性能等,建立相应的理论模型和计算公式。主要研究内容如下。

(1)钢管混凝土柱钢纤维高强混凝土剪力墙抗震性能试验研究。

以剪跨比、边框型式、钢纤维体积率、钢纤维类型、钢纤维掺加高度、混凝土强度、轴压比、加载制度等为试验参数,设计制作了22个钢管混凝土柱钢纤维高强混凝土剪力墙试件。通过剪力墙试件的循环加载试验,分析剪力墙的裂缝发展和破坏模式、荷载—位移滞回曲线和承载力等特征,利用延性、耗能、强度和刚度退化等评定指标研究上述试验参数对钢管混凝土柱钢纤维高强混凝土剪力墙抗震性能的影响。

(2)钢管混凝土柱钢纤维高强混凝土剪力墙受剪承载力计算方法。

探讨影响钢管混凝土柱钢纤维高强混凝土低矮剪力墙受剪承载力的因素,分析其受剪机制,分别结合钢纤维分布、软化桁架模型、软化拉压杆模型以及简化软化拉压杆模型,建立其受剪承载力计算方法,并与现行规程进行对比分析。

(3)钢管混凝土柱钢纤维高强混凝土剪力墙受弯承载力计算方法。

探讨影响钢管混凝土柱钢纤维高强混凝土中高剪力墙受弯承载力的因素,分析其受弯破坏特点,建立钢管混凝土柱钢纤维高强混凝土中高剪力墙受弯承载力计算方法。

(4)钢管混凝土柱钢纤维高强混凝土剪力墙恢复力性能计算方法。

以钢管混凝土柱钢纤维高强混凝土中高剪力墙的试验研究为基础,建立其刚度退化四折线恢复力性能计算方法,给出其恢复力模型特征点荷载和位移、卸载刚度以及再加载路径的计算公式。

第2章 试验概况

2.1 引 言

为研究钢管混凝土柱钢纤维高强混凝土剪力墙的抗震性能，通过分析国内外钢管混凝土柱普通混凝土剪力墙[181-185]、钢筋钢纤维混凝土剪力墙[189-192]的试验研究，结合本书试验目的，共设计了22个剪力墙试件的低周反复加载试验，其中，11个剪跨比为1.0的剪力墙试件属于低矮剪力墙系列，另外11个剪跨比为1.5的剪力墙试件属于中高剪力墙系列。

2.2 试件设计与试验方法

2.2.1 剪力墙试件设计

2.2.1.1 试验参数

试验参数包括剪跨比、边框型式、钢纤维体积率、钢纤维类型、钢纤维掺加高度、混凝土强度、轴压比和加载制度，见表2-1。

2.2.1.2 剪力墙试件尺寸及配筋

结合实验室现有加载条件，剪力墙试件的缩尺比均为1/4。为保证不同试验参数剪力墙试验结果的可对比性，同一剪跨比系列，剪力墙试件几何尺寸、边框柱配钢和中间墙体配筋均保持一致，并满足现行规范、规程[28,201-202]的相关要求。剪力墙截面均采用一字形，尺寸为120 mm×750 mm，加载顶梁尺寸为250 mm×300 mm×950 mm，基础底梁尺寸为450 mm×500 mm×1 550 mm，剪跨比1.0系列的墙体高为600 mm，剪跨比1.5系列的墙体高为975 mm。剪力墙试件截面尺寸及配筋如图2-1所示，其中，钢筋混凝土剪力墙试件主要包含四个部分：一个中间墙体；墙体左右两侧为钢筋混凝土边柱，二者在混凝土浇筑成型时直接成为一个整体；一个加载顶梁，用于施加水平荷载；一个加载底梁，用于加载时固定剪力墙试件。钢管混凝土柱剪力墙试件主要包含五个部分：一个中间墙体；墙体左右两侧为钢管混凝土边柱；若干个焊接在钢管混凝土边柱上的 U 形键；一个加载顶梁；一个加载底梁。U 形键用于保证钢管混凝土柱和中间墙体的可靠连接[82-84, 96-99]，其形式和尺寸见图 2-1(b)。

表 2-1　剪力墙试件的主要试验参数

序号	试件编号	钢纤维体积率 ρ_f(%)	钢纤维类型	钢纤维掺加高度	混凝土强度	轴压比
1	RC-1.0-00-C60	0	0	0	C60	0.2
2	RC-1.0-10(H)-CF60	1.0	3D	H	C60	0.2
3	CFST-1.0-00-C60	0	0	0	C60	0.2
4	CFST-1.0-05(H)- CF60	0.5	3D	H	C60	0.2
5	CFST-1.0-10(H)- CF60	1.0	3D	H	C60	0.2
6	CFST-1.0-15(H)- CF60	1.5	3D	H	C60	0.2
7	CFST-1.0-10(H)- CF40	1.0	3D	H	C40	0.2
8	CFST-1.0-10(H)-CF80	1.0	3D	H	C80	0.2
9	CFST-1.0-10(H)-CF60(0.1)	1.0	3D	H	C60	0.1
10	CFST-1.0-10(H)-CF60(5D)	1.0	5D	H	C60	0.2
11	CFST-1.0-10(H)-CF60(单)	1.0	3D	H	C60	0.2
12	RC-1.5-00-C60	0	0	0	C60	0.2
13	CFST-1.5-00-C60	0	0	0	C60	0.2
14	CFST-1.5-05(H)-CF60	0.5	3D	H	C60	0.2
15	CFST-1.5-10(H)-CF60	1.0	3D	H	C60	0.2
16	CFST-1.5-15(H)-CF60	1.5	3D	H	C60	0.2
17	CFST-1.5-10(H)-CF40	1.0	3D	H	C40	0.2
18	CFST-1.5-10(H)-CF80	1.0	3D	H	C80	0.2
19	CFST-1.5-10(0.3H)-CF60	1.0	3D	0.3H	C60	0.2
20	CFST-1.5-10(0.6H)-CF60	1.0	3D	0.6H	C60	0.2
21	CFST-1.5-10(H)-CF60(0.1)	1.0	3D	H	C60	0.1
22	CFST-1.5-10(H)-CF60(单)	1.0	3D	H	C60	0.2

注：试件编号中 RC 表示钢筋混凝土剪力墙，CFST 表示钢管混凝土柱剪力墙，钢管截面尺寸均为 $h_f\times h_f=120\ \text{mm}\times120\ \text{mm}$，壁厚均为 $t=3$ mm；其后第一个数字表示剪跨比；第二个数字表示钢纤维体积率，第二个数字后括号内表示钢纤维掺加高度，H 为墙体高度；第三个数字表示混凝土设计强度等级，混凝土设计强度以“C”开头的代表普通混凝土，以“CF”开头的代表钢纤维混凝土；表中序号为 9、10、11、21 及 22 五个试件，编号末端括号内 0.1 代表轴压比为 0.1，5D 代表钢纤维类型为 5D，单代表加载制度为单调加载，括号前面符号含义与前述一致；试件编号末端未括号特别注明的其他 17 个试件，表示轴压比均为 0.2，钢纤维类型均为 3D，加载方式均为循环加载。

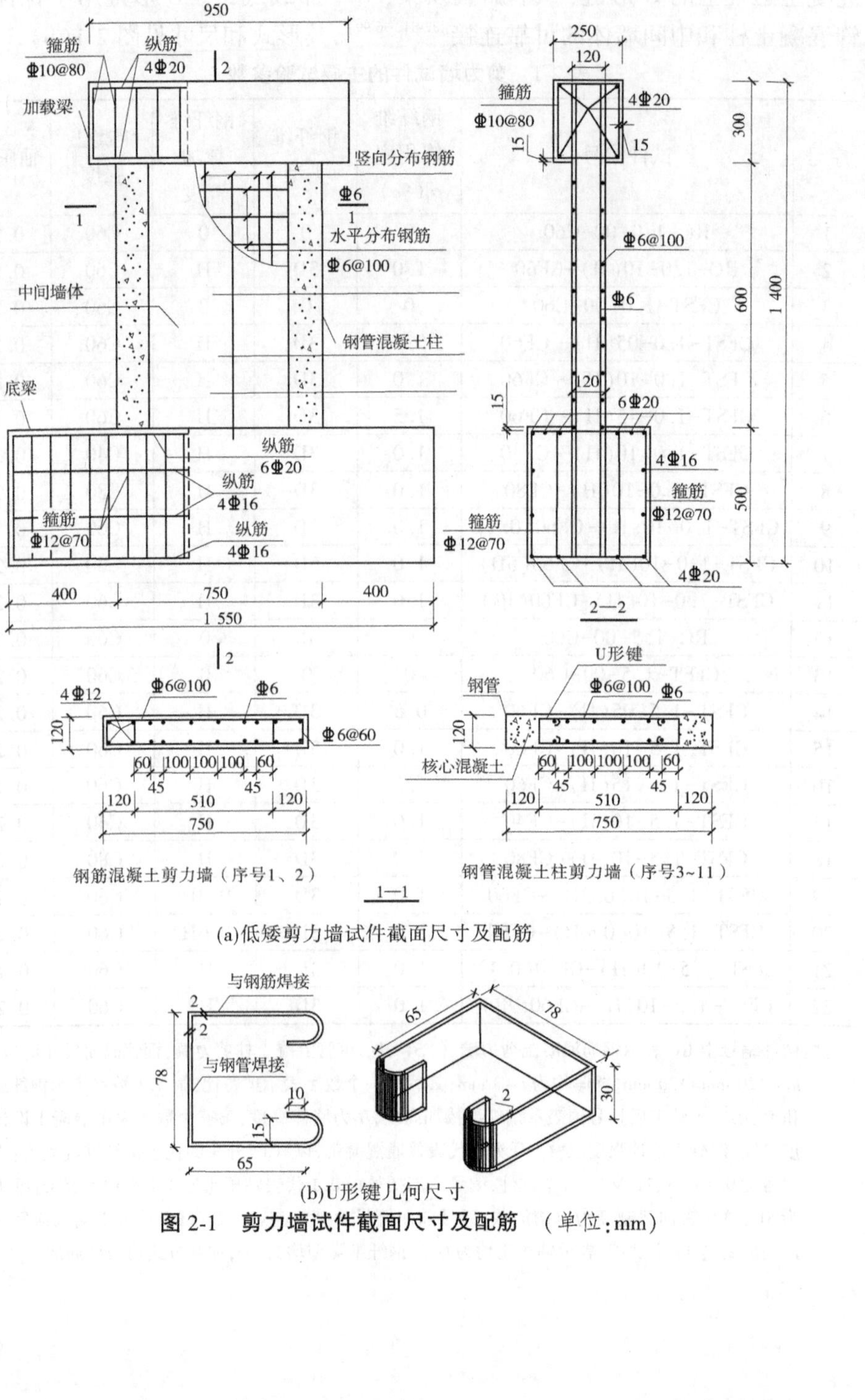

(a)低矮剪力墙试件截面尺寸及配筋

(b)U形键几何尺寸

图 2-1　剪力墙试件截面尺寸及配筋　（单位：mm）

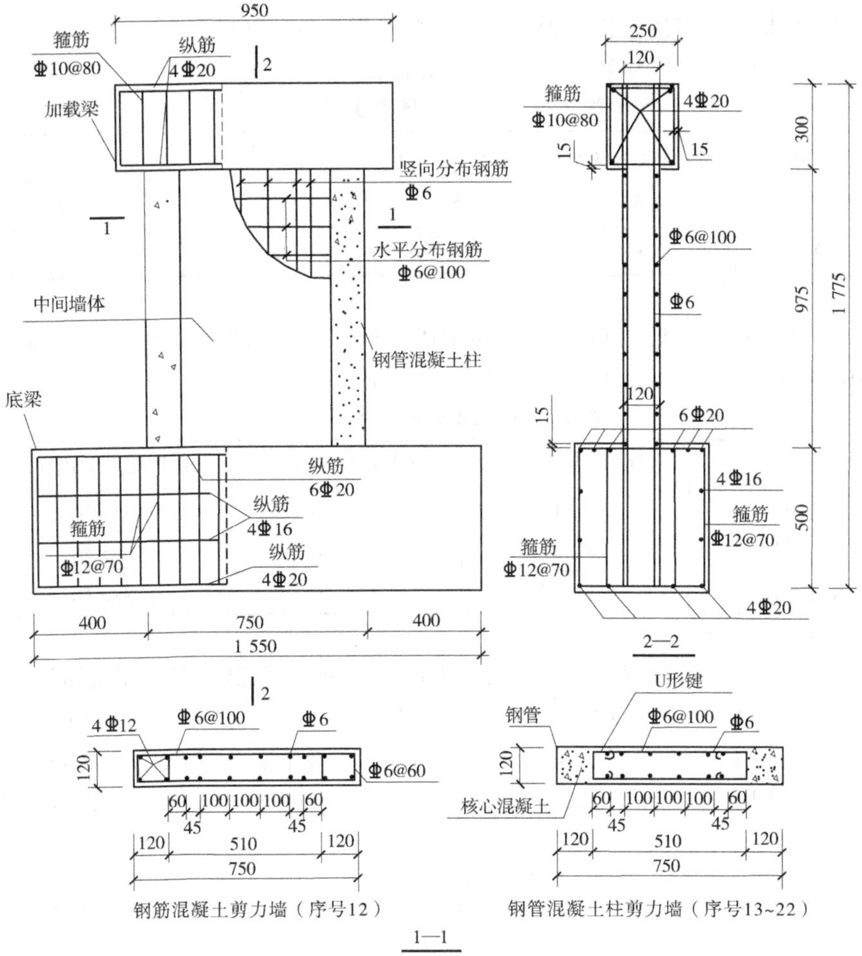

(c)中高剪力墙试件截面尺寸及配筋

续图 2-1

2.2.2　试验材料选择及混凝土配合比

(1)水泥。42.5 普通硅酸盐水泥。

(2)骨料。粗、细骨料均由郑州金峰混凝土工程公司提供。粗骨料采用粒径 5~20 mm、连续级配的碎石。细骨料采用级配良好的天然中砂，细度模数 2.7。

(3)拌和水。城市自来水[203]。

(4)减水剂。聚羧酸液态减水剂,减水率为20%~30%。

(5)钢纤维。钢纤维物理力学性能见表2-2。

表 2-2　钢纤维物理力学性能

钢纤维类型	等效直径 d_f(mm)	长度 l_f(mm)	长径比 l_f/d_f	抗拉强度(MPa)
3D 65/35BG	0.55	35	64	1 345
5D 65/60BG	0.90	61	68	2 300

(6)钢筋和钢管等。钢筋均采用HRB400级[201],钢管及U形键均采用Q235B钢材制作[204]。钢筋及钢材的力学性能见表2-3[205]。

表 2-3　钢筋及钢材力学性能

钢材类型	屈服强度(MPa)	极限强度(MPa)	弹性模量(MPa)
⌀6	369.17	521.60	1.85×10^5
3 mm 钢板	307.67	392.00	1.98×10^5
2 mm 钢板	236.67	323.20	1.88×10^5

(7)混凝土配合比见表2-4。钢管混凝土柱剪力墙试件的钢管混凝土边框柱内、加载顶梁及底梁均采用普通混凝土,中间墙体为不同钢纤维体积率(0、0.5%、1.0%、1.5%)的钢纤维混凝土;钢筋混凝土剪力墙试件的加载顶梁及底梁均采用普通混凝土,墙体采用不同钢纤维体积率(0、1.0%)的钢纤维混凝土。

表 2-4　混凝土配合比

设计强度等级	材料用量(kg/m³)						ρ_f (%)
	水泥	水	钢纤维	砂	碎石	减水剂	
C40	441	211	0	718	1 078	0.882	0
CF40	441	211	78	718	1 078	0.882	1.0
C60	529	164	0	646	1 110	5.819	0
CF60	529	164	39	646	1 110	5.819	0.5
CF60	529	164	78	646	1 110	5.819	1.0
CF60	529	164	117	646	1 110	5.819	1.5
C80	582	159	0	595	1 108	7.391	0
CF80	582	159	78	595	1 108	7.391	1.0

2.2.3　剪力墙试件成型与制备

钢筋混凝土剪力墙试件的钢筋骨架成型过程主要分为三个步骤：第一步，绑扎制作底梁钢筋笼；第二步，绑扎墙体边柱纵筋和箍筋，然后绑扎墙体水平和竖向分布钢筋；第三步，绑扎顶梁钢筋笼。

钢管混凝土柱剪力墙试件的钢筋骨架成型过程主要分为四个步骤：第一步，加工钢管及 U 形键，接着将 U 形键闭口一侧按照与水平分布钢筋相同的距离焊接在钢管内壁上；第二步，绑扎制作底梁钢筋笼，然后将带有 U 形键的钢管按照预先设定的间距放置在底梁中；第三步，绑扎墙体水平和竖向分布钢筋，并将水平分布钢筋与 U 形键的开口侧焊接在一起；第四步，绑扎顶梁钢筋笼。

最终制作完成了钢筋混凝土剪力墙试件及钢管混凝土柱剪力墙试件的钢筋骨架、U 形键，见图 2-2。在浇筑之前，首先使用胶合板制作剪力墙模板。钢筋混凝土剪力墙试件采用水平卧位整体浇筑制作，一次浇筑成型。钢管混凝

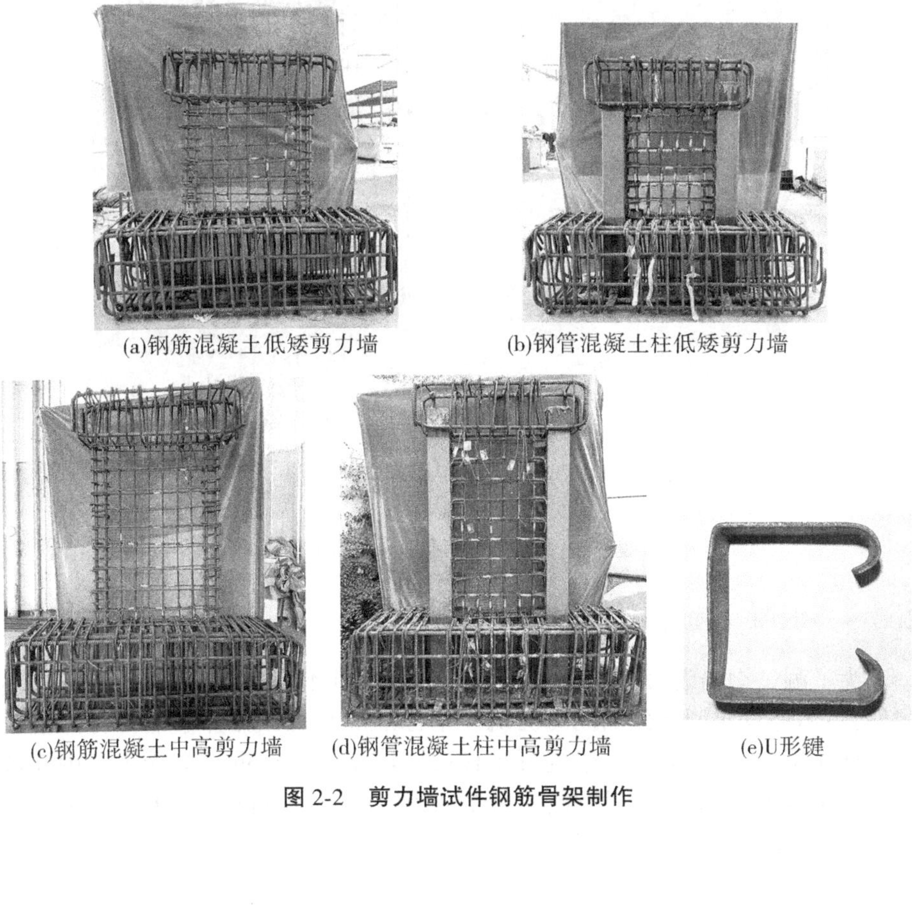

(a)钢筋混凝土低矮剪力墙　　(b)钢管混凝土柱低矮剪力墙

(c)钢筋混凝土中高剪力墙　　(d)钢管混凝土柱中高剪力墙　　(e)U形键

图 2-2　剪力墙试件钢筋骨架制作

土柱剪力墙试件分为两步浇筑成型:第一步,将剪力墙试件直立,浇筑钢管内混凝土;第二步,钢管内混凝土浇筑一周后,试件采用水平卧位,进行中间墙体、顶梁及底梁混凝土的成型。所有剪力墙试件浇筑 24 h 后拆模,然后覆盖毡布洒水养护 28 天。图 2-3 给出了最终制作完成的钢筋混凝土剪力墙试件及钢管混凝土柱剪力墙试件。

(a)钢筋混凝土低矮剪力墙　(b)钢管混凝土柱低矮剪力墙

(c)钢筋混凝土中高剪力墙　(d)钢管混凝土柱中高剪力墙

图 2-3　浇筑成型后的剪力墙试件

2.2.4　混凝土基本力学性能试验结果

为了测试钢筋混凝土剪力墙试件的混凝土基本力学性能,对每个剪力墙试件,整体浇筑成型试件的同时浇筑 6 个标准混凝土立方体和 6 个标准混凝土棱柱体试块;为了测试钢管混凝土柱剪力墙试件的边框柱混凝土和中间墙体钢纤维混凝土基本力学性能,对每个剪力墙试件,均同时浇筑 6 个标准混凝土立方体和 6 个标准混凝土棱柱体试块、6 个标准钢纤维混凝土立方体和 6 个标准钢纤维混凝土棱柱体试块。在每个剪力墙试件加载的当天,对预留混凝土试块进行测试[206],得到每个剪力墙试件的混凝土基本力学性能,见表 2-5。

表 2-5　剪力墙试件混凝土基本力学性能　(单位:MPa)

试件编号	边框 f_{cu}	边框 f_c	边框 E_{co}	墙体 f_{cu}	墙体 f_c	墙体 f_{ft}	墙体 E_c
RC-1.0-00-C60	67.5	55.4	41 600	67.5	55.4	2.83	41 600
RC-1.0-10(H)-CF60	67.3	55.6	41 800	67.3	55.6	6.17	41 800
CFST-1.0-00-C60	68.7	55.9	41 400	68.2	56.3	2.81	41 700
CFST-1.0-05(H)- CF60	67.4	55.5	41 300	67.9	55.2	3.67	41 500
CFST-1.0-10(H)- CF60	67.1	55.5	41 500	68.3	55.1	6.15	42 000
CFST-1.0-15(H)- CF60	69.8	56.0	41 300	69.6	56.5	7.88	42 200
CFST-1.0-10(H)- CF40	46.8	38.1	38 300	47.1	38.3	3.78	39 600
CFST-1.0-10(H)-CF80	82.5	64.6	45 700	83.7	65.6	6.84	46 500
CFST-1.0-10(H)-CF60(0.1)	67.2	55.4	41 400	68.4	55.2	6.13	41 900
CFST-1.0-10(H)-CF60(5D)	67.4	55.8	41 600	68.6	55.6	7.32	42 200
CFST-1.0-10(H)-CF60(单)	67.3	55.7	41 500	68.5	55.3	6.16	42 100
RC-1.5-00-C60	67.4	55.3	41 500	67.4	55.3	2.82	41 500
CFST-1.5-00-C60	67.6	55.3	41 500	68.3	55.5	2.83	41 600
CFST-1.5-05(H)-CF60	67.5	55.4	41 400	68.4	55.6	3.68	41 500
CFST-1.5-10(H)-CF60	67.3	55.7	41 500	68.9	55.9	6.16	42 100
CFST-1.5-15(H)-CF60	68.7	56.3	41 700	69.8	56.8	7.87	42 300
CFST-1.5-10(H)-CF40	47.4	38.4	38 400	47.8	38.7	3.76	39 700
CFST-1.5-10(H)-CF80	83.2	65.6	45 500	83.9	66.4	6.87	46 700
CFST-1.5-10(0.3H)-CF60	67.4	55.8	41 400	68.7	55.8	6.17	42 200
CFST-1.5-10(0.6H)-CF60	67.5	55.5	41 500	68.9	55.5	6.14	42 000
CFST-1.5-10(H)-CF60(0.1)	67.2	55.4	41 600	68.6	55.6	6.15	41 900
CFST-1.5-10(H)-CF60(单)	67.6	55.9	41 300	68.5	55.7	6.18	42 200

注:试件 CFST-1.5-10(0.3H)-CF60 和 CFST-1.5-10(0.6H)-CF60 中,墙体混凝土的基本力学性能仅列出了墙体底部掺加钢纤维部分的试验结果;f_{cu} 为混凝土立方体抗压强度;f_c 为混凝土棱柱体轴心抗压强度;E_{co} 和 E_c 分别为边框柱和墙体混凝土弹性模量;f_{ft} 为混凝土劈拉强度。

2.2.5　试验装置及加载制度

2.2.5.1　试验装置

加载示意及加载现场如图 2-4 所示。首先将剪力墙试件放置在试验加载系统的竖向反力架内,然后用地锚螺栓和水平压梁将试件底梁固定在刚性地板上,为消除水平加载过程中试件底梁与刚性地板之间的水平滑移,在底梁两侧使用水平顶梁及油压千斤顶阻止底梁的水平滑动。竖向轴力通过一个量程 200 t 的液压千斤顶施加。液压千斤顶的上端与竖向反力架之间通过滚动支撑连接,以保证剪力墙试件水平移动时竖向轴力能够同步移动;液压千斤顶的下端是刚度较大的刚性分配梁，确保竖向轴力能够均匀施加到墙体上。水平

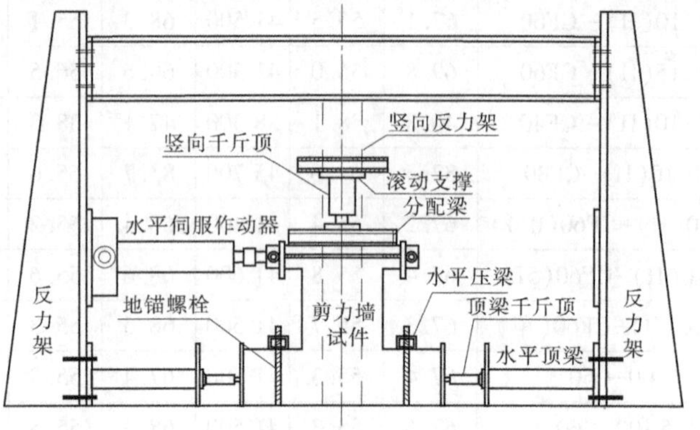

(a)加载示意

(b)加载现场

图 2-4　加载示意及加载现场

低周反复荷载通过电液伺服液压作动器施加，低矮剪力墙试件加载点距基础顶面 750 mm,中高剪力墙试件加载点距基础顶面 1 125 mm。作动器的荷载量程范围为±1 500 kN,位移量程范围为±125 mm。作动器的一端固定在反力架上,另外一端通过两根高强丝杆、一块钢板与试件顶梁连接在一起,便于施加水平反复荷载。

2.2.5.2 加载制度

所有剪力墙试件均应在恒定轴力作用下,经受水平低周反复加载[207]。加载时,首先分级施加竖向轴力并维持稳定,然后进行水平加载。水平加载采用位移控制,加载制度示意如图 2-5 所示,取名义屈服位移角 $\varphi_{ym}=[\varphi_y]=1/400$[181],则低矮剪力墙试件的加载点名义屈服位移为 $\Delta_{ym}=\varphi_{ym}\times750\ \text{mm}=1.875\ \text{mm}$,中高剪力墙试件的加载点名义屈服位移为 $\Delta_{ym}=\varphi_{ym}\times1\ 125\ \text{mm}=2.812\ 5\ \text{mm}$。屈服前,采用 $0.5\varphi_{ym}$、$0.75\varphi_{ym}$进行加载,每级循环 1 次;屈服后,采用 $1\varphi_{ym}$、$2\varphi_{ym}$、$3\varphi_{ym}$、$4\varphi_{ym}$、$5\varphi_{ym}$……进行加载,每级循环 3 次。

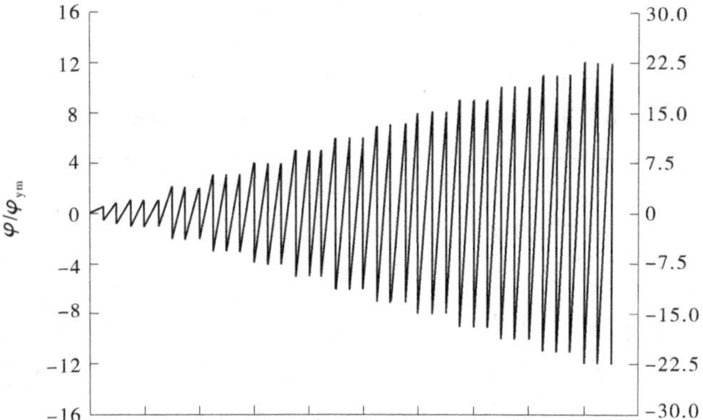

图 2-5 加载制度示意

2.2.6 试验量测内容

2.2.6.1 荷载的量测

水平荷载及竖向荷载的量测分别通过水平作动器和竖向液压千斤顶自带的荷载传感器量测。

2.2.6.2 位移的量测

同一剪跨比系列剪力墙试件的位移传感器布置方案相同,如图 2-6 所示。

对于剪跨比1.0的低矮剪力墙系列，水平位移计L1、L2以及L5用于量测顶梁加载点处、墙体中部及底梁的水平位移，竖向位移计L3、L4用于量测底梁的转动，斜向布置的拉线式传感器E1、E2和墙体左右两侧竖向布置的拉线式传感器E3、E4分别用于量测墙体的剪切变形和弯曲变形；对于剪跨比1.5的中高剪力墙系列，水平位移计L1、L2、L6以及L5用于量测顶梁加载点处、墙体不同高度处及底梁的水平位移，竖向位移计L3、L4用于量测底梁的转动，斜向布置的拉线式传感器E1、E2和墙体左右两侧竖向布置的拉线式传感器E3、E4分别用于量测墙体的剪切变形和弯曲变形。

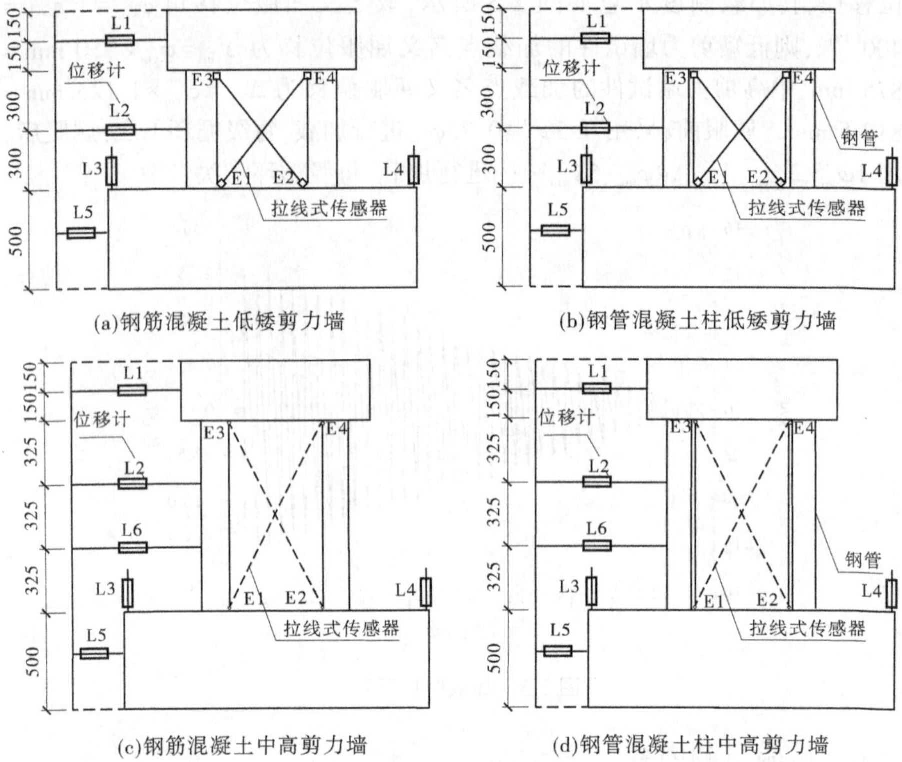

(a)钢筋混凝土低矮剪力墙　(b)钢管混凝土柱低矮剪力墙

(c)钢筋混凝土中高剪力墙　(d)钢管混凝土柱中高剪力墙

图2-6　位移传感器布置示意

2.2.6.3　应变的量测

同一剪跨比系列中同一边框型式的剪力墙试件，其电阻应变片布置方案相同；同一剪跨比系列中不同边框型式的剪力墙试件，其墙体分布钢筋上电阻应变片布置方案相同，不同之处在于边框上电阻应变片的布置，钢筋混凝土剪力墙边柱上应变片的布置位于边柱纵筋上，钢管混凝土剪力墙边框上应变片的布置位于边框柱钢管上,如图 2-7 所示。对于剪跨比 1.0 的低矮剪力墙系列,电阻应变片 1~10 用于量测竖向分布钢筋应变,电阻应变片 11~20 用于量测水平分布钢筋应变,电阻应变片 21~28(或 21~28)用于量测钢管(或边柱纵筋)应变;对于剪跨比 1.5 的中高剪力墙系列,电阻应变片 1~10 用于量测竖向分布钢筋应变,电阻应变片 11~21 用于量测水平分布钢筋应变,电阻应变片 22~29(或 22~25)用于量测钢管(或边柱纵筋)应变。

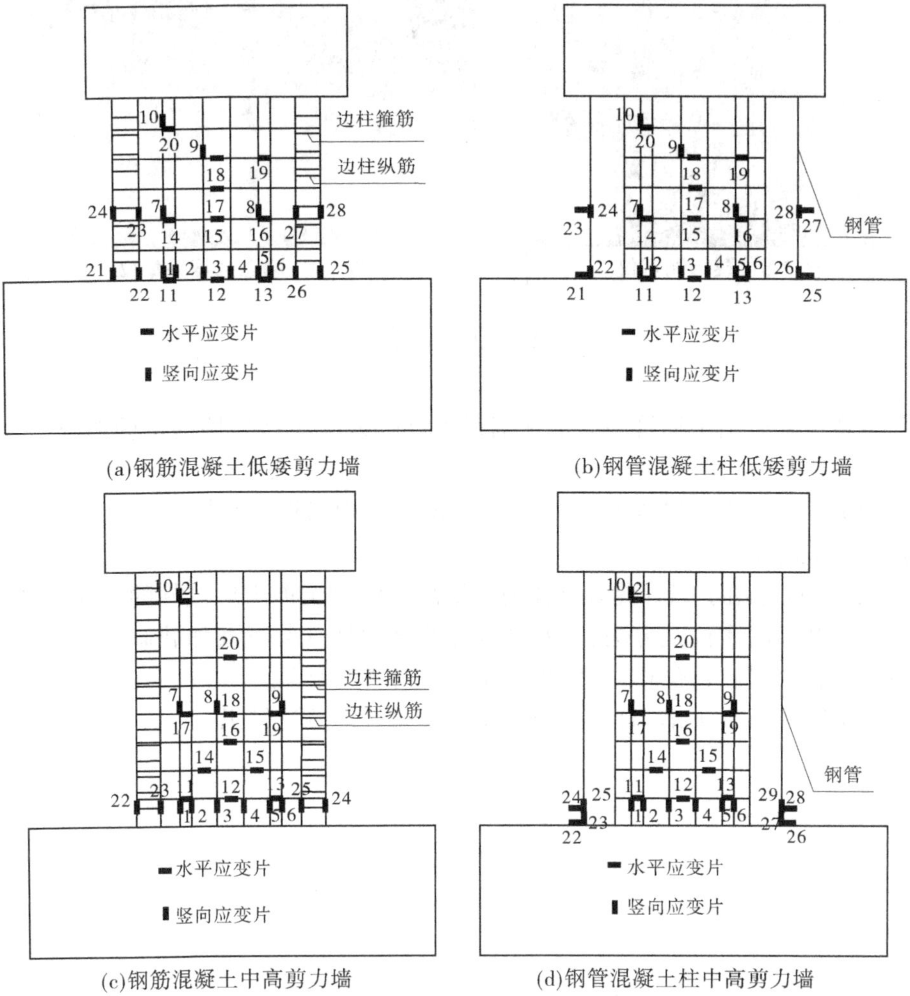

(a)钢筋混凝土低矮剪力墙　(b)钢管混凝土柱低矮剪力墙

(c)钢筋混凝土中高剪力墙　(d)钢管混凝土柱中高剪力墙

图 2-7　电阻应变片布置示意

2.2.6.4 裂缝的观测和记录

肉眼观察裂缝的发生、开展情况，同时用裂缝测宽仪（见图 2-8）量测裂缝宽度并记录和拍照。

2.2.6.5 数据采集

采用静态数据采集仪（见图 2-9）实时记录荷载、位移和应变。

图 2-8 裂缝测宽仪

图 2-9 静态数据采集仪

2.3 小 结

本章主要介绍了钢管混凝土柱钢纤维高强混凝土剪力墙的试验概况，主要内容包括：

（1）详细介绍了 22 个剪力墙试件的试验参数、试件尺寸及配筋、试验材料选择及混凝土配合比设计。

（2）重点介绍了钢管混凝土柱钢纤维高强混凝土剪力墙试件的钢筋骨架成型过程和混凝土浇筑方法、剪力墙试件的试验加载装置及加载制度和试验量测内容，包括荷载、位移、应变及裂缝的量测和观测等。

（3）介绍了剪力墙试件的混凝土基本力学性能测试结果。

第 3 章　钢管混凝土柱钢纤维高强混凝土剪力墙试验结果分析

3.1　引　言

本章主要介绍钢管混凝土柱钢纤维高强混凝土剪力墙试件在低周反复荷载下的裂缝发展和破坏特征、荷载—位移滞回曲线和骨架曲线特点、延性和耗能、强度和刚度退化、钢管和钢筋典型的应变特点、墙体剪切变形特点等，探讨剪跨比、边框型式、钢纤维体积率、钢纤维类型、钢纤维掺加高度、混凝土强度、轴压比和加载制度等试验参数对钢管混凝土柱钢纤维高强混凝土剪力墙抗震性能的影响。

3.2　剪力墙试件裂缝发展与破坏特征

3.2.1　低矮剪力墙试件裂缝发展

3.2.1.1　试件 RC-1.0-00-C60

试件 RC-1.0-00-C60 在峰值荷载和试验结束后的破坏照片及墙体混凝土裂缝分布，如图 3-1 所示。当试件加载到 $2\varphi_{ym}$ 时，墙左出现裂缝①，沿约 45°方向斜向右下开展。加载到 $3\varphi_{ym}$ 时，墙右出现裂缝②。加载到 $4\varphi_{ym}$ 时，墙右出现裂缝③、④，墙左出现裂缝⑤、⑥，其中裂缝⑥斜向下与底梁相交，其余裂缝基本无变化。加载到 $5\varphi_{ym}$ 时，墙右出现裂缝⑦、⑧，墙左出现裂缝⑨、⑩，其中裂缝⑩斜向下与裂缝⑥交会，其余裂缝稳定斜向下发展，裂缝③斜向下与底梁相交。加载到 $6\varphi_{ym}$ 时，墙右出现裂缝⑪，近似沿墙体对角线开展并与底梁相交。加载到 $7\varphi_{ym}$ 时，墙右出现近似平行于裂缝⑪的短裂缝⑫，墙左出现裂缝⑬、⑭，近似平行墙体对角线方向开展，并与裂缝⑪相交。加载到 $8\varphi_{ym}$ 时，无新裂缝产生，裂缝⑧、⑬、⑭斜向下发展与底梁相交，墙体通裂。加载到 $9\varphi_{ym}$ 时，墙左出现裂缝⑮。加载到 $10\varphi_{ym}$ 时，试件达到峰值荷载，墙体中部混凝土细微剥落，裂缝发展基本稳定，宽度变大，裂缝宽度最大为⑫，达到 2.4 mm，墙体分布钢筋大部屈服。加载到 $11\varphi_{ym}$ 时，裂缝⑪、⑫宽度继续增大，

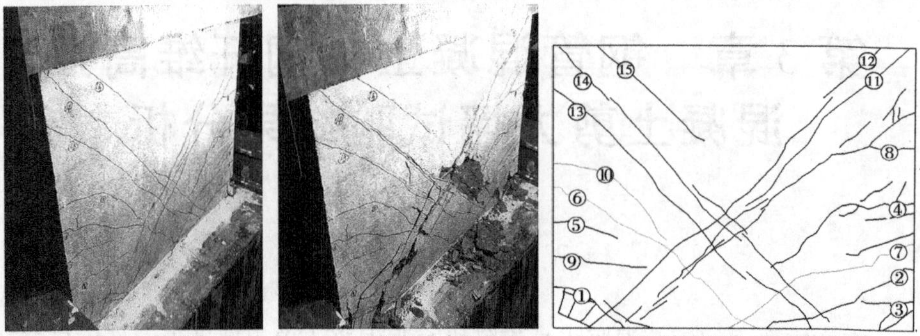

(a)峰值荷载时　(b)试验结束后　(c)墙体混凝土裂缝分布（主斜裂缝⑭、⑪）

图 3-1　试件 RC-1.0-00-C60 的破坏形态与裂缝分布

墙体混凝土继续剥落。加载到 $12\varphi_{ym}$ 时，墙体对角线方向裂缝宽度迅速增大，墙体混凝土剥落严重，试件承载力下降至峰值荷载的85%以下，停止加载。

3.2.1.2　试件 RC-1.0-10(H)-CF60

试件 RC-1.0-10(H)-CF60 在峰值荷载和试验结束后的破坏照片及墙体混凝土裂缝分布，如图 3-2 所示。当试件加载到 $3\varphi_{ym}$ 时，墙左出现裂缝①、②、③，均沿约 45°方向斜向右下开展并与底梁相交。加载到 $4\varphi_{ym}$ 时，墙右出现裂缝④、⑤、⑥，墙左出现裂缝⑦、⑧、⑨。加载到 $5\varphi_{ym}$ 时，墙右出现裂缝⑩、⑪，墙左出现裂缝⑫，并在墙体中部附近与裂缝⑪相交。加载到 $6\varphi_{ym}$ 时，墙右出现裂缝⑬，墙左出现平行于裂缝⑫的细短斜裂缝。加载到 $7\varphi_{ym}$、$8\varphi_{ym}$、$9\varphi_{ym}$

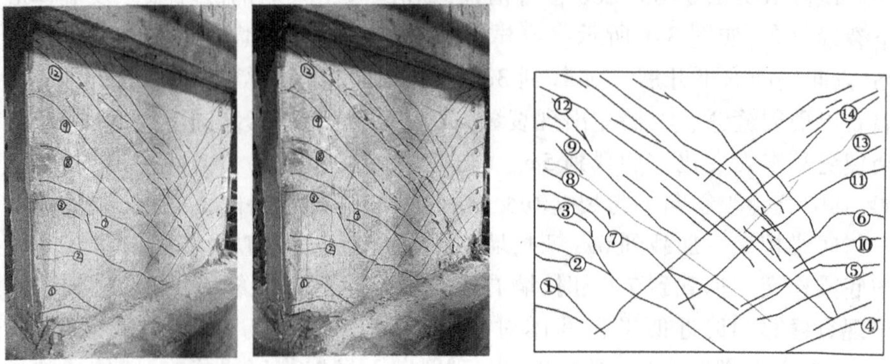

(a)峰值荷载时　(b)试验结束后　(c)墙体混凝土裂缝分布（主斜裂缝⑫、⑭）

图 3-2　试件 RC-1.0-10(H)-CF60 的破坏形态与裂缝分布

时，墙左继续出现平行于裂缝⑫的细短斜裂缝，原有裂缝宽度增加，但长度无明显变化。加载到 $10\varphi_{ym}$ 时，墙右出现短斜裂缝⑭。加载到 $11\varphi_{ym}$、$12\varphi_{ym}$ 时，墙右裂缝⑪斜向下发展并与裂缝⑧相交，墙左裂缝⑫斜向下与底梁相交。加载到 $13\varphi_{ym}$ 时，墙右裂缝⑪继续斜向下发展并与底梁相交，裂缝⑭斜向下发展并与裂缝⑧相交，墙左裂缝⑫上部平行微细裂缝继续发展，形成一至两条长裂缝并与底梁相交，墙体混凝土表皮有细微剥落。加载到 $14\varphi_{ym}$ 时，试件达到峰值荷载，墙体中部产生大量细密裂缝，其余裂缝发展基本稳定，宽度变大，裂缝宽度最大为⑫，达到 1.6 mm。加载到 $15\varphi_{ym}$ 时，裂缝⑫宽度继续增大，墙体混凝土轻微剥落。加载到 $16\varphi_{ym}$ 时，墙体裂缝宽度继续增大，墙体混凝土继续剥落，试件承载力下降至峰值荷载的 85%以下，停止加载。

3.2.1.3　试件 CFST-1.0-00-C60

试件 CFST-1.0-00-C60 在峰值荷载和试验结束后的破坏照片及墙体混凝土裂缝分布，如图 3-3 所示。当试件加载到 $5\varphi_{ym}$ 时，墙右出现裂缝①，沿约

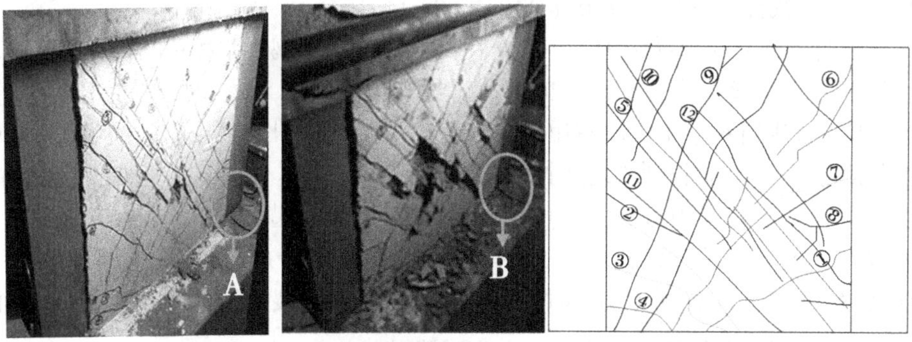

(a)峰值荷载时　(b)试验结束后　(c)墙体混凝土裂缝分布（主斜裂缝⑤、⑥）

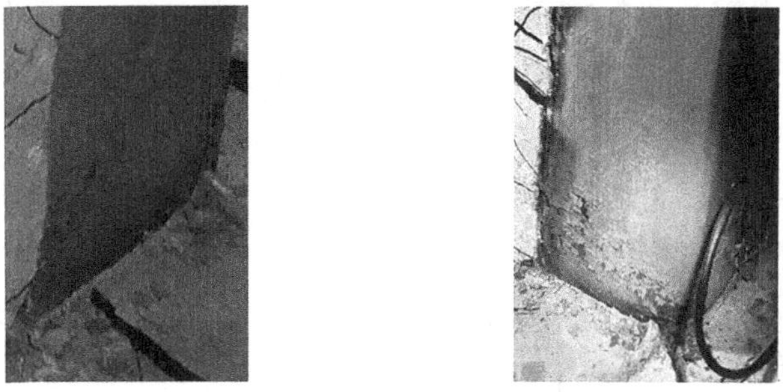

(d)A 大样图——钢管出现鼓屈　(e)B 大样图——钢管鼓屈程度增加

图 3-3　试件 CFST-1.0-00-C60 的破坏形态与裂缝分布

45°方向斜向左下开展并与底梁相交，墙左出现裂缝②、③、④、⑤，其中③、④斜向下与底梁相交。加载到$6\varphi_{ym}$时，墙右出现裂缝⑥、⑦、⑧、⑨，其中⑨从墙体顶部靠中位置出现，向左下开展至底梁附近，墙左无新裂缝产生，原有裂缝宽度稳定开展，长度无明显变化。加载到$7\varphi_{ym}$时，墙右出现与裂缝⑥近似平行的斜裂缝，开展至与底梁相交，墙左出现裂缝⑩、⑪。加载到$8\varphi_{ym}$、$9\varphi_{ym}$时，裂缝⑤、⑩周边出现多条近似平行的细小裂缝，其余裂缝稳定开展。加载到$10\varphi_{ym}$时，伴随噼啪声，墙体中部出现多条斜裂缝，墙体中部混凝土出现细小剥落。加载到$11\varphi_{ym}$时，试件达到峰值荷载，裂缝宽度最大为⑤，达到2.0 mm，右侧钢管出现鼓屈现象，墙体中部混凝土出现少量块状剥落。加载到$12\varphi_{ym}$时，左侧钢管出现鼓屈现象，墙体中部鼓胀，混凝土持续碎裂剥落。加载到$13\varphi_{ym}$时，墙体对角线方向裂缝宽度迅速增大，墙体混凝土呈明显碎块状，持续剥落，钢筋外露，钢管鼓屈程度增加，试件承载力下降至峰值荷载的85%以下，停止加载。

3.2.1.4 试件 CFST-1.0-05(H)-CF60

试件 CFST-1.0-05(H)-CF60 在峰值荷载和试验结束后的破坏照片及墙体混凝土裂缝分布，如图 3-4 所示。当试件加载到$5\varphi_{ym}$时，墙左出现裂缝①、②。加载到$6\varphi_{ym}$时，墙右出现斜裂缝③、④，墙左出现裂缝⑤，裂缝②开展至与底梁相交。加载到$7\varphi_{ym}$时，墙右出现裂缝⑥、⑦，裂缝⑥沿近似平行对角线方向开展至底梁附近，裂缝③开展至与底梁相交，墙左出现裂缝⑧、⑨、⑩。加载到$8\varphi_{ym}$时，无新裂缝产生，原有裂缝稳定开展。加载到$9\varphi_{ym}$时，墙右出现裂缝⑪、⑫。加载到$10\varphi_{ym}$时，裂缝⑬、⑭出现，裂缝⑥周围出现多条短细

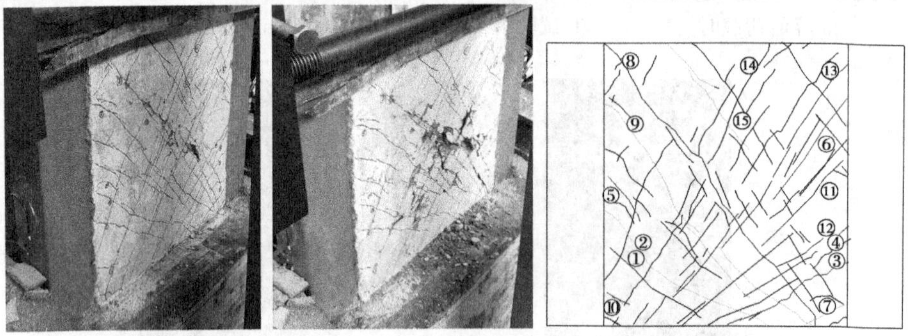

(a)峰值荷载时　(b)试验结束后　(c)墙体混凝土裂缝分布（主斜裂缝⑧、⑫）

图 3-4 试件 CFST-1.0-05(H)-CF60 的破坏形态与裂缝分布

斜裂缝。加载到 11φ_{ym} 时，裂缝⑮出现，裂缝⑧、⑨、⑭周边均出现多条短斜裂缝。加载到 12φ_{ym} 时，墙体中部持续出现细而小的短斜裂缝。加载到 13φ_{ym} 时，试件达到峰值荷载，墙体细密裂缝陆续相交，墙体中部表层混凝土细微剥落，裂缝宽度最大为⑧，达到 1.6 mm，两侧钢管根部油漆面细微起皮脱落。加载到 14φ_{ym} 时，墙体中部表层混凝土持续少量剥落，钢管出现轻微鼓屈。加载到 15φ_{ym} 时，墙体中部混凝土呈现少量细小块状剥落，两侧钢管鼓屈程度增加，试件承载力下降至峰值荷载的 85%以下，停止加载。

3.2.1.5　**试件** CFST-1.0-10(H)-CF60

试件 CFST-1.0-10(H)-CF60 在峰值荷载和试验结束后的破坏照片及墙体混凝土裂缝分布，如图 3-5 所示。当试件加载到 5φ_{ym} 时，墙左出现裂缝①。加载到 6φ_{ym} 时，墙右出现裂缝②，墙左出现裂缝③，裂缝①斜向下开展至与底梁相交。加载到 7φ_{ym} 时，墙右出现裂缝④、⑤、⑥、⑦，墙左出现裂缝⑧。

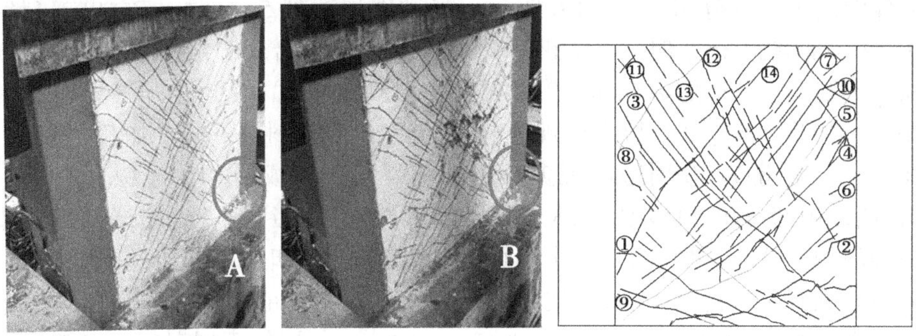

(a)峰值荷载时　(b)试验结束后　(c)墙体混凝土裂缝分布（主斜裂缝③、⑦）

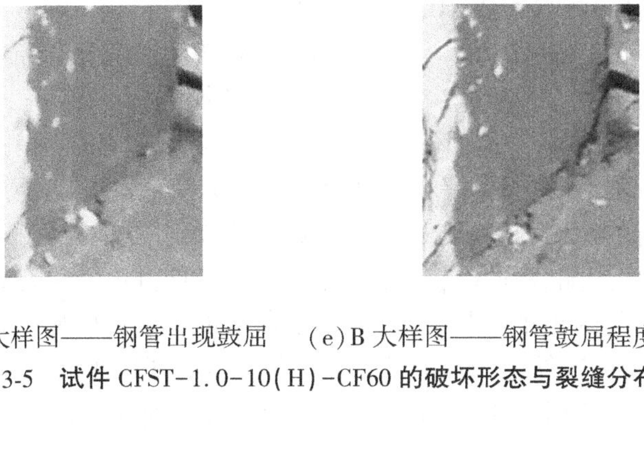

(d)A 大样图——钢管出现鼓屈　(e)B 大样图——钢管鼓屈程度增加

图 3-5　试件 CFST-1.0-10(H)-CF60 的破坏形态与裂缝分布

加载到 $8\varphi_{ym}$ 时，墙左出现裂缝⑨。加载到 $9\varphi_{ym}$ 时，墙右出现裂缝⑩，墙左出现短斜裂缝⑪。加载到 $10\varphi_{ym}$ 时，裂缝⑫出现，裂缝③、④、⑤、⑦和⑪周边出现多条细短斜裂缝。加载到 $11\varphi_{ym}$ 时，墙左出现裂缝⑬。加载到 $12\varphi_{ym}$ 时，墙右出现裂缝⑬，墙体中部沿对角线方向持续出现细短斜裂缝。加载到 $13\varphi_{ym}$、$14\varphi_{ym}$ 时，墙体中部斜裂缝持续增多。加载到 $15\varphi_{ym}$ 时，试件达到峰值荷载，墙体中部大量细密斜裂缝相交，中部表皮混凝土细微剥落，裂缝宽度最大为⑥，达到 1.2 mm，两侧钢管油漆面细微起皮剥落。加载到 $16\varphi_{ym}$ 时，墙体混凝土表皮持续细微剥落，钢管出现轻微鼓屈。加载到 $17\varphi_{ym}$ 时，墙体表层混凝土呈现少量细小剥落，两侧钢管鼓屈程度增加，试件承载力下降至峰值荷载的 85%以下，停止加载。

3.2.1.6 **试件** CFST-1.0-15(H)-CF60

试件 CFST-1.0-15(H)-CF60 在峰值荷载和试验结束后的破坏照片及墙体混凝土裂缝分布，如图 3-6 所示。当试件加载到 $5\varphi_{ym}$ 时，墙左出现裂缝①、②。加载到 $6\varphi_{ym}$ 时，墙右出现裂缝③、④，墙左出现裂缝⑤、⑥。加载到 $7\varphi_{ym}$ 时，墙右出现裂缝⑦、⑧、⑨、⑩，墙左出现裂缝⑪，裂缝②开展至与底梁相交。加载到 $8\varphi_{ym}$ 时，墙右出现裂缝⑫，墙左出现短斜裂缝⑬。加载到 $9\varphi_{ym}$、$10\varphi_{ym}$ 时，裂缝⑦、⑧周边出现多条短细斜裂缝。加载到 $11\varphi_{ym}$、$12\varphi_{ym}$、$13\varphi_{ym}$ 时，墙体中部及角部区域出现大量短细斜裂缝。加载到 $14\varphi_{ym}$、$15\varphi_{ym}$ 时，墙体短细斜裂缝持续增加，遍布整个墙面。加载到 $16\varphi_{ym}$ 时，试件达到峰值荷载，墙体短细斜裂缝持续出现，呈现细、密特点，墙体表皮混凝土细微剥落，裂缝宽度最大为⑧，达到 1.0 mm。加载到 $17\varphi_{ym}$、$18\varphi_{ym}$ 时，墙体表层混凝土出现细小剥落，钢管底部油漆面出现细微起皮。加载到 $19\varphi_{ym}$ 时，墙体混凝土出现少量细微剥落，钢管轻微鼓屈，试件承载力下降至峰值荷载的 85%以下，停止加载。

3.2.1.7 **试件** CFST-1.0-10(H)-CF40

试件 CFST-1.0-10(H)-CF40 在峰值荷载和试验结束后的破坏照片及墙体混凝土裂缝分布，如图 3-7 所示。当试件加载到 $3\varphi_{ym}$ 时，墙左出现裂缝①、②、③。加载到 $4\varphi_{ym}$ 时，墙右出现裂缝④，开展至与底梁相交，墙左出现裂缝⑤、⑥。加载到 $5\varphi_{ym}$ 时，墙右出现裂缝⑦、⑧、⑨，墙左裂缝②、③周边出现多条近似平行的短细斜裂缝。加载到 $6\varphi_{ym}$ 时，墙右出现裂缝⑩。加载到 $7\varphi_{ym}$ 时，裂缝⑪出现。加载到 $8\varphi_{ym}$ 时，墙右出现裂缝⑫、⑬，墙左裂缝⑥、⑪之间出现多条近似平行的短细斜裂缝。加载到 $9\varphi_{ym}$ 时，墙体出现大量短细斜裂缝。加载到 $10\varphi_{ym}$ 时，试件达到峰值荷载，墙体继续出现较多的短细斜裂缝，墙体中部表层混凝土细微剥落，裂缝宽度最大为⑦，达到 0.8 mm。加载到 $11\varphi_{ym}$、

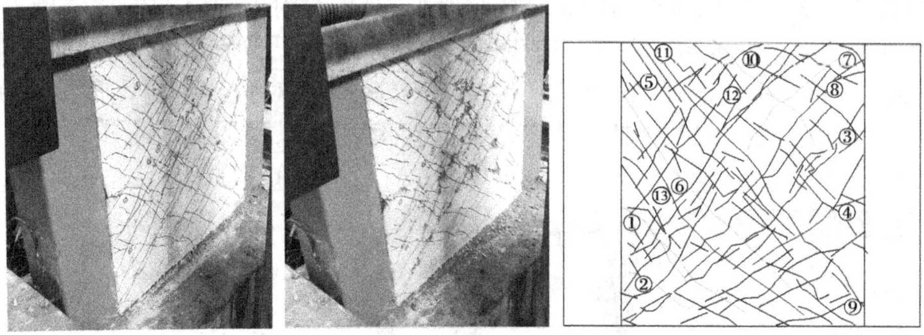

(a)峰值荷载时　　(b)试验结束后　　(c)墙体混凝土裂缝分布（主斜裂缝⑪、⑧）

图 3-6　试件 CFST-1.0-15(H)-CF60 的破坏形态与裂缝分布

$12\varphi_{ym}$、$13\varphi_{ym}$ 时，墙体中部表层混凝土持续细微剥落，钢管轻微鼓屈。加载到 $14\varphi_{ym}$ 时，墙体中部混凝土出现细小块状剥落，钢管鼓屈程度增加，试件承载力下降至峰值荷载的 85%以下，停止加载。

(a)峰值荷载时　　(b)试验结束后　　(c)墙体混凝土裂缝分布（主斜裂缝③、⑦）

图 3-7　试件 CFST-1.0-10(H)-CF40 的破坏形态与裂缝分布

3.2.1.8　试件 CFST-1.0-10(H)-CF80

试件 CFST-1.0-10(H)-CF80 在峰值荷载和试验结束后的破坏照片及墙体混凝土裂缝分布，如图 3-8 所示。当试件加载到 $5\varphi_{ym}$ 时，墙右出现裂缝①、②、③，墙左出现裂缝④、⑤。加载到 $6\varphi_{ym}$ 时，墙左出现裂缝⑥、⑦、⑧。加载到 $7\varphi_{ym}$ 时，裂缝⑨出现。加载到 $8\varphi_{ym}$ 时，裂缝⑩、⑪出现。加载到 $9\varphi_{ym}$ 时，墙右出现裂缝⑫、⑬，墙左裂缝⑨开展至与底梁相交。加载到 $10\varphi_{ym}$、$11\varphi_{ym}$ 时，裂缝①、⑬周边出现多条短细斜裂缝。加载到 $12\varphi_{ym}$ 时，裂缝⑭、⑮出现。

加载到 $13\varphi_{ym}$ 时,墙体短细斜裂缝持续增加,对角线附近裂缝宽度持续增大,钢管表面油漆轻微起皮剥落。加载到 $14\varphi_{ym}$ 时,试件达到峰值荷载,墙体表层混凝土细微剥落,钢管轻微鼓屈。加载到 $15\varphi_{ym}$ 时,对角斜裂缝宽度明显扩大,沿对角线方向混凝土持续剥落。加载到 $16\varphi_{ym}$ 时,墙体混凝土小块剥落,钢管鼓屈程度略有增大,试件承载力下降至峰值荷载的 85%以下,停止加载。

(a)峰值荷载时　(b)试验结束后　(c)墙体混凝土裂缝分布（主斜裂缝⑧、⑫）

图 3-8　试件 CFST-1.0-10(H)-CF80 的破坏形态与裂缝分布

3.2.1.9　试件 CFST-1.0-10(H)-CF60(0.1)

试件 CFST-1.0-10(H)-CF60(0.1)在峰值荷载和试验结束后的破坏照片及墙体混凝土裂缝分布,如图 3-9 所示。当试件加载到 $5\varphi_{ym}$ 时,墙左出现裂缝①。加载到 $7\varphi_{ym}$ 时,墙右出现裂缝②,墙左出现裂缝③、④。加载到 $8\varphi_{ym}$ 时,墙右出现裂缝⑤,墙左出现裂缝⑥,裂缝②开展至基本与左侧边框柱相交。加载到 $9\varphi_{ym}$ 时,墙右出现裂缝⑦、⑧、⑨、⑩,墙左出现裂缝⑪。加载到 $10\varphi_{ym}$ 时,墙左裂缝①开展至与底梁相交。加载到 $11\varphi_{ym}$ 时,墙右裂缝⑦开展至基本与左侧边框柱相交,裂缝②周边出现两条近似平行的短斜裂缝,墙左出现裂缝⑫,开展至基本与右侧边框柱相交。加载到 $12\varphi_{ym}$ 时,裂缝⑨开展至与底梁相交。加载到 $13\varphi_{ym}$、$14\varphi_{ym}$ 时,墙体出现较多短细斜裂缝。加载到 $15\varphi_{ym}$ 时,墙体短细斜裂缝持续出现,墙体表层混凝土细微起皮,钢管表面油漆轻微起皮剥落。加载到 $16\varphi_{ym}$ 时,试件达到峰值荷载,墙体继续出现较多的短细斜裂缝,墙体表层混凝土细微剥落,裂缝宽度最大为⑥,达到 0.8 mm,钢管出现轻微鼓屈。加载到 $17\varphi_{ym}$ 时,墙体仅有少量短细斜裂缝出现,原有裂缝基本稳定。加载到 $18\varphi_{ym}$ 时,墙体表层混凝土持续碎裂剥落,钢管鼓屈程度略微增加,试件承载力下降至峰值荷载的 85%以下,停止加载。

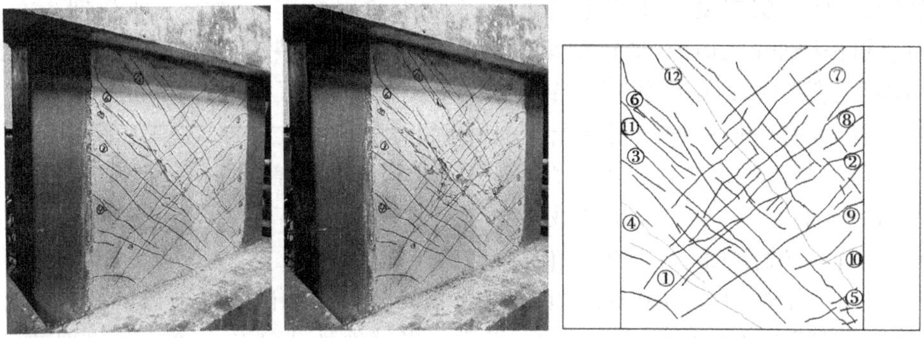

(a)峰值荷载时　(b)试验结束后　(c) 墙体混凝土裂缝分布（主斜裂缝⑥、⑧）

图 3-9　试件 CFST-1.0-10(H)-CF60(0.1)的破坏形态与裂缝分布

3.2.1.10　试件 CFST-1.0-10(H)-CF60(5D)

试件 CFST-1.0-10(H)-CF60(5D)在峰值荷载和试验结束后的破坏照片及墙体混凝土裂缝分布，如图 3-10 所示。当试件加载到 $5\varphi_{ym}$ 时，墙右出现短斜裂缝①，墙左出现短斜裂缝②。加载到 $6\varphi_{ym}$ 时，墙右出现裂缝③，墙左出现裂缝④。加载到 $7\varphi_{ym}$ 时，墙右出现裂缝⑤、⑥，裂缝①开展至与底梁相交，墙左出现裂缝⑦。加载到 $8\varphi_{ym}$ 时，墙右出现裂缝⑧、⑨，墙左出现裂缝⑩，裂缝②开展至与底梁相交。加载到 $9\varphi_{ym}$、$10\varphi_{ym}$、$11\varphi_{ym}$ 时，裂缝⑦、⑧、⑨附近出现若干条短细斜裂缝，其余裂缝宽度稳定开展，长度无明显变化。加载到 $12\varphi_{ym}$ 时，墙右出现裂缝⑪，近似平行于裂缝⑧。加载到 $13\varphi_{ym}$ 时，墙右裂缝⑤、⑧开展至基本与底梁相交。加载到 $14\varphi_{ym}$、$15\varphi_{ym}$ 时，墙体出现较多短细斜

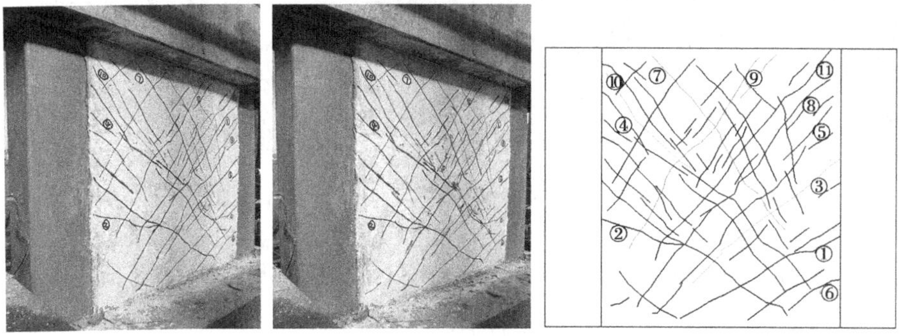

(a)峰值荷载时　(b)试验结束后　(c)墙体混凝土裂缝分布（主斜裂缝④、⑧）

图 3-10　试件 CFST-1.0-10(H)-CF60(5D)的破坏形态与裂缝分布

裂缝，墙体表层混凝土细微起皮，钢管表面油漆轻微起皮剥落。加载到 $16\varphi_{ym}$ 时，试件达到峰值荷载，墙体继续出现较多的短细斜裂缝，墙体表层混凝土细微剥落，裂缝宽度最大为④，达到 0.6 mm，钢管出现轻微鼓屈。加载到 $17\varphi_{ym}$ 时，墙体仅有少量短细斜裂缝出现，原有裂缝基本稳定。加载到 $18\varphi_{ym}$ 时，墙体表层混凝土出现少许碎裂剥落，钢管鼓屈程度略微增加，试件承载力下降至峰值荷载的 85%以下，停止加载。

3.2.1.11 试件 CFST-1.0-10(H)-CF60(单)

试件 CFST-1.0-10(H)-CF60(单)在峰值荷载和试验结束后的破坏照片及墙体混凝土裂缝分布，如图 3-11 所示。当试件加载到 $7\varphi_{ym}$ 时，短斜裂缝①出现。加载到 $8\varphi_{ym}$ 时，裂缝②出现。加载到 $9\varphi_{ym}$ 时，裂缝③出现。加载到 $10\varphi_{ym}$ 时，裂缝④、⑤出现。加载到 $11\varphi_{ym}$ 时，裂缝⑥出现。加载到 $12\varphi_{ym}$ 时，裂缝⑦、⑧出现，裂缝①、②与底梁相交。加载到 $13\varphi_{ym}$ 时，裂缝⑨出现。加载到 $14\varphi_{ym}$、$15\varphi_{ym}$ 时，墙体短细斜裂缝大量出现，左侧钢管出现鼓屈现象，钢管内侧底部混凝土有少许压裂起皮。加载到 $16\varphi_{ym}$ 时，试件达到峰值荷载，墙体继续出现较多的短细斜裂缝。加载到 $17\varphi_{ym}$ 时，墙体仅有少量短细斜裂缝出现，原有裂缝基本稳定。加载到 $18\varphi_{ym}$ 时，墙体沿对角线方向混凝土出现少许碎裂剥落，钢管鼓屈程度增加，试件承载力下降至峰值荷载的 85%以下，停止加载。

(a)峰值荷载时　　(b)试验结束后　　(c)墙体混凝土裂缝分布（主斜裂缝⑦）

图 3-11 试件 CFST-1.0-10(H)-CF60(单)的破坏形态与裂缝分布

3.2.2 低矮剪力墙试件破坏特征

低矮剪力墙试件主要呈现剪切破坏[20,208-209]，其裂缝分布对比见图 3-12。由图 3-12 可知，剪力墙试件的裂缝发展形态以剪切斜裂缝为主，首先在墙体受拉一侧出现一至两条斜裂缝,其与水平方向的夹角约为 45°,沿墙体对角线方向的斜向下发展;随着加载的继续,相续出现若干条交叉斜向下裂缝,裂缝宽度也持续变大;加载后期,墙体斜裂缝充分开展后大都发展到墙体根部,同时逐渐形成一组或多组宽度较大的 X 形交叉对角斜裂缝,墙体被斜裂缝分割成多个斜压柱,产生类似斜压杆的破坏机制。在剪力墙试件达到峰值荷载后,水平钢筋基本屈服,斜压柱在拉压反复荷载作用下达到其极限抗压强度而被压碎,导致墙体混凝土不断压碎剥落,剪力墙试件很快进入破坏状态,破坏表现出脆性破坏特征。虽然剪力墙试件的边框型式(钢管混凝土和钢筋混凝土)、钢纤维体积率、钢纤维类型、混凝土强度及轴压比等试验设计参数不同,但钢筋钢纤维混凝土剪力墙、钢管混凝土柱普通混凝土剪力墙以及钢管混凝土柱钢纤维高强混凝土剪力墙试件整个加载过程均可划分为初裂、通裂、峰值荷载和极限四个破坏阶段,钢管及钢纤维的加入并未改变剪力墙试件的剪切破坏模式,只是在边框柱鼓屈破坏程度、墙体混凝土的裂缝形态和试件总体破坏速度上有所区别[83-84,173-175]。

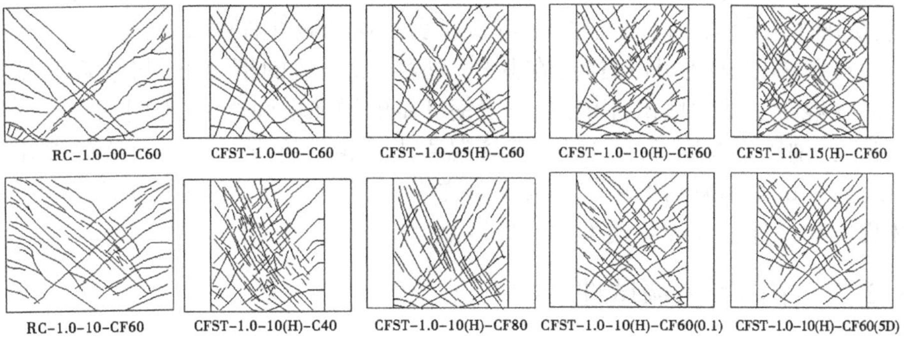

图 3-12　低矮剪力墙试件墙体混凝土裂缝分布对比

图 3-12 中,剪力墙试件 RC-1.0-00-C60 与 CFST-1.0-00-C60、剪力墙试件 RC-1.0-10(H)-CF60 与 CFST-1.0-10(H)-CF60 两组试件对比试验结果均表明:由于钢管混凝土柱较强的抗剪能力,钢管混凝土柱剪力墙的剪切破坏面仅限于中间墙体内,沿墙体对角线方向发展,最终墙体混凝土斜压柱逐渐达到其极限抗压强度而碎裂剥落,而后两侧的钢管边框柱在弯剪作用下逐步破坏,导致试件破坏,最终破坏时墙体裂缝较多,分布域较广;而钢筋混凝土剪力墙在对角斜裂缝出现后,很快形成一个斜向贯通整个剪力墙的剪切破坏面,最终使得剪力墙在水平荷载作用下沿剪切破坏面产生滑移而迅速破坏。上述分析充分说明了钢管对中间墙体混凝土的增强、约束作用[181]。

图 3-12 中还显示，掺入钢纤维后，有无钢纤维的混凝土墙体，其斜裂缝发展形态基本一致。但由于钢纤维的增强作用，随着钢纤维体积率的增大，峰值荷载时剪力墙的裂缝逐渐变细、变密。例如，未掺加钢纤维的钢管混凝土柱剪力墙试件 CFST-1.0-00-C60 在峰值荷载时的最大裂缝宽度达到了 2.0 mm，而钢纤维体积率为 0.5%、1.0% 及 1.5% 的钢管混凝土柱剪力墙试件 CFST-1.0-05(H)-CF60、CFST-1.0-10(H)-CF60 及 CFST-1.0-15(H)-CF60 在峰值荷载时的最大裂缝宽度分别仅为 1.6 mm、1.2 mm 及 1.0 mm；未掺加钢纤维的钢筋混凝土剪力墙试件 RC-1.0-00-C60 在峰值荷载时的最大裂缝宽度达到了 2.4 mm，而钢纤维体积率为 1.0% 的钢筋钢纤维混凝土剪力墙试件 RC-1.0-10(H)-CF60 在峰值荷载时的最大裂缝宽度仅为 1.6 mm。钢纤维显著改善了裂缝的分布形态（钢纤维的存在，使得墙体裂缝间距及最大裂缝宽度减小；无钢纤维时，墙体裂缝平均间距较大，最大裂缝宽度较大，墙体裂缝呈现出少而宽的分布特点；随着钢纤维体积率的增大，墙体裂缝平均间距及最大裂缝宽度不断减小，墙体裂缝呈现出细、密的分布特点。因此，钢纤维可跨越裂缝继续传递应力，其存在可以显著改善裂缝形态），限制了主裂缝的宽度，缓解了混凝土压碎剥落情况，降低了剪力墙的破坏程度。

从图 3-12 中还可以看出，在其他试验参数一致的情况下，与钢管混凝土柱高强混凝土剪力墙试件相比，由于钢纤维的增强增韧作用，不同钢纤维混凝土强度、轴压比及钢纤维类型的钢管混凝土柱钢纤维混凝土剪力墙试件在峰值荷载和试验结束后的墙体混凝土裂缝分布基本一致，只是在边框柱鼓屈破坏程度和试件总体破坏速度上有所区别。

3.2.3 中高剪力墙试件裂缝发展

3.2.3.1 试件 RC-1.5-00-C60

试件 RC-1.5-00-C60 在峰值荷载和试验结束后的破坏照片及墙体混凝土裂缝分布，如图 3-13 所示。当试件加载到 $2\varphi_{ym}$ 时，墙右出现裂缝①、②、③、④，裂缝①与底梁相交，墙左出现裂缝⑤、⑥、⑦，裂缝⑤、⑥与底梁相交。加载到 $3\varphi_{ym}$ 时，墙左出现裂缝⑧、⑨、⑩。加载到 $4\varphi_{ym}$ 时，墙右出现裂缝⑪、⑫，墙左出现裂缝⑬、⑭、⑮，裂缝⑬与裂缝④相交，裂缝②、⑨斜向下开展至与底梁相交。加载到 $5\varphi_{ym}$ 时，墙右出现裂缝⑯、⑰、⑱，裂缝⑰相交于裂缝⑨，裂缝⑬开展至底梁。加载到 $6\varphi_{ym}$ 时，墙右出现裂缝⑲。加载到 $7\varphi_{ym}$ 时，裂缝④、⑪与底梁相交，裂缝⑬附近出现多条近似平行的细小裂缝。加载到 $8\varphi_{ym}$ 时，试件达到峰值荷载，墙体中部及墙两侧底部混凝土有轻微压碎剥落，无新裂缝出现，原有裂缝发展基本稳定，宽度变大，裂缝宽度最大为⑬，达到 2.6

mm。加载到 $9\varphi_{ym}$ 时，裂缝⑬宽度继续增大，墙体两侧底部混凝土继续压碎剥落。加载到 $10\varphi_{ym}$ 时，裂缝⑬宽度迅速增大，墙体中部，尤其是墙体两侧底部混凝土压碎剥落严重，试件承载力下降至峰值荷载的 85%以下，停止加载。

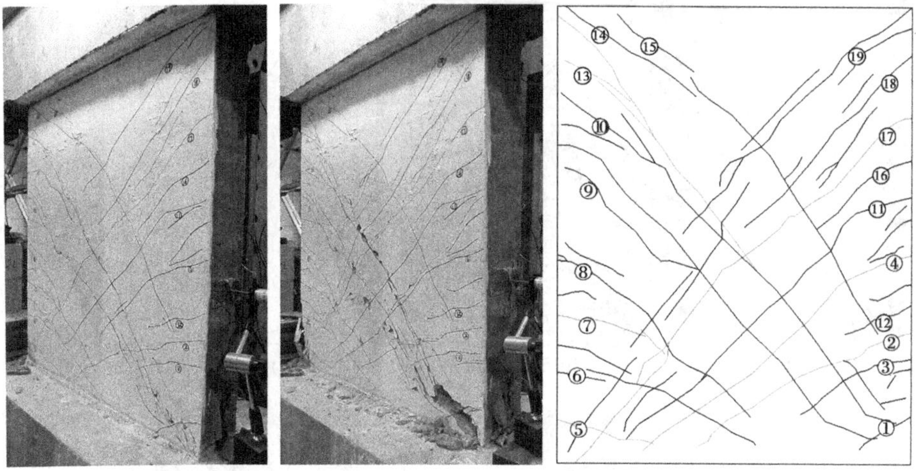

（a）峰值荷载时　（b）试验结束后　（c）墙体混凝土裂缝分布

图 3-13　试件 RC-1.5-00-C60 的破坏形态与裂缝分布

3.2.3.2　试件 CFST-1.5-00-C60

试件 CFST-1.5-00-C60 在峰值荷载和试验结束后的破坏照片及墙体混凝土裂缝分布，如图 3-14 所示。当试件加载到 $2\varphi_{ym}$ 时，墙左出现裂缝①、②。加载到 $3\varphi_{ym}$ 时，无新裂缝产生。加载到 $4\varphi_{ym}$ 时，墙右出现裂缝③、④，裂缝③与底梁相交，墙左出现裂缝⑤。加载到 $5\varphi_{ym}$ 时，墙右出现短裂缝⑥、⑦、⑧，裂缝⑥与裂缝⑤相交于墙体中部。加载到 $6\varphi_{ym}$ 时，墙右出现裂缝⑨，裂缝④与底梁相交，墙左出现裂缝⑩、⑪，裂缝⑩与裂缝⑥相交。加载到 $7\varphi_{ym}$ 时，墙右出现裂缝⑫、⑬，裂缝①、②开展至底梁。加载到 $8\varphi_{ym}$、$9\varphi_{ym}$ 时，墙体中部出现少量与原有裂缝近似平行的细小裂缝。加载到 $10\varphi_{ym}$ 时，试件达到峰值荷载，裂缝宽度最大为⑩，达到 1.8 mm，两侧钢管底部出现轻微鼓屈，墙体中部混凝土有轻微压碎剥落。加载到 $11\varphi_{ym}$ 时，墙体混凝土持续碎裂剥落。加载到 $12\varphi_{ym}$ 时，墙体中部及墙体右侧底部混凝土明显压碎剥落，部分钢筋外露，钢管鼓屈程度增加，试件承载力下降至峰值荷载的 85%以下，停止加载。

3.2.3.3　试件 CFST-1.5-05(H)-CF60

试件 CFST-1.5-05(H)-CF60 在峰值荷载和试验结束后的破坏照片及墙体混凝土裂缝分布，如图 3-15 所示。当试件加载到 $2\varphi_{ym}$ 时，墙右出现裂缝

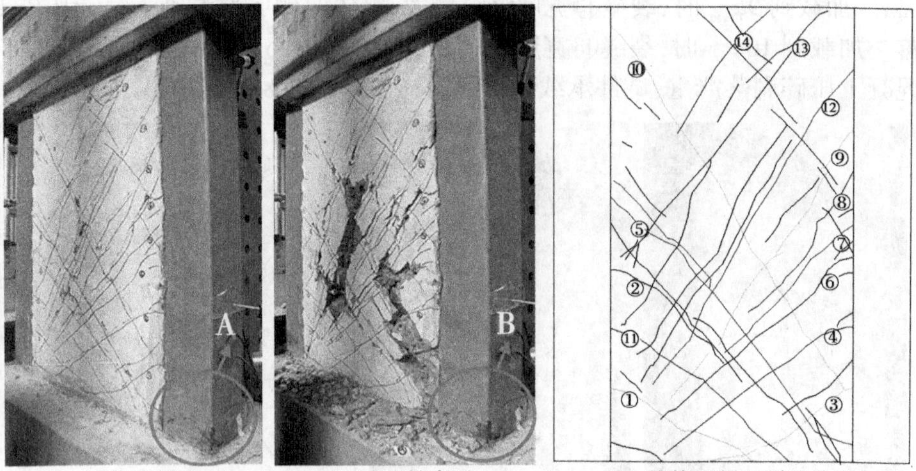

(a)峰值荷载时　　(b) 试验结束后　　(c) 墙体混凝土裂缝分布

(d)A大样图——钢管底部轻微鼓屈　　(e)B大样图——钢管鼓屈程度增加

图 3-14　试件 CFST-1.5-00-C60 的破坏形态与裂缝分布

①、②、③、④，裂缝①与底梁相交，墙左出现裂缝⑤、⑥，裂缝⑥与裂缝③相交。加载到 $3\varphi_{ym}$ 时，墙左出现裂缝⑦、⑧，裂缝⑧与裂缝④相交。加载到 $4\varphi_{ym}$ 时，墙右出现裂缝⑨，墙左出现裂缝⑩。加载到 $5\varphi_{ym}$ 时，墙右出现裂缝⑪，墙左出现裂缝⑫、⑬。加载到 $6\varphi_{ym}$ 时，裂缝③与底梁相交。加载到 $7\varphi_{ym}$ 时，墙左裂缝⑩与裂缝①相交，钢管底部表层少量油漆剥落。加载到 $8\varphi_{ym}$、$9\varphi_{ym}$ 时，墙体原有裂缝周边出现多条近似平行的细小裂缝。加载到 $10\varphi_{ym}$ 时，无新裂缝产生，原有裂缝稳定开展，钢管底部油漆剥落明显。$11\varphi_{ym}$ 时，试件达到峰值荷载，裂缝宽度最大为⑫，达到 1.2 mm，两侧钢管底部出现轻微鼓屈，墙体中部混凝土有轻微压碎剥落。加载到 $12\varphi_{ym}$ 时，裂缝宽度不断增大，墙体中部表层混凝土持续少量剥落，钢管鼓屈加重。加载到 $13\varphi_{ym}$ 时，墙体中部混凝土呈现少量细小块状剥落，两侧钢管鼓屈明显，试件承载力下降至峰值荷载的 85%以下，停止加载。

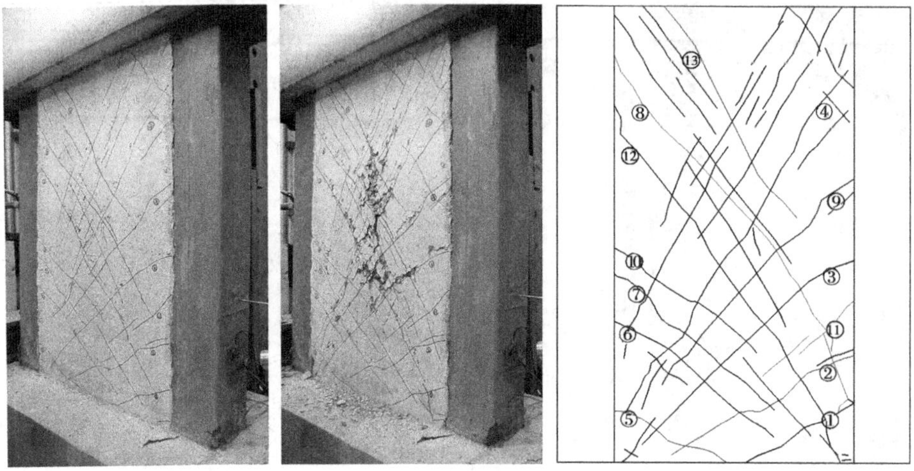

（a）峰值荷载时　　（b）试验结束后　　（c）墙体混凝土裂缝分布

图3-15　试件CFST-1.5-05（H）-CF60的破坏形态与裂缝分布

3.2.3.4　试件CFST-1.5-10（H）-CF60

试件CFST-1.5-10（H）-CF60在峰值荷载和试验结束后的破坏照片及墙体混凝土裂缝分布，如图3-16所示。当试件加载到$3\varphi_{ym}$时，墙左出现裂缝①、②、③。加载到$4\varphi_{ym}$时，墙右出现裂缝④、⑤，裂缝④与裂缝③相交，墙左出现裂缝⑥。加载到$5\varphi_{ym}$时，墙右出现裂缝⑦、⑧，墙左出现裂缝⑨、⑩。加载到$6\varphi_{ym}$时，墙右出现裂缝⑪，与裂缝⑥相交，墙左裂缝①与底梁相交。加载到$7\varphi_{ym}$时，墙右出现裂缝⑫，裂缝⑤与底梁相交，墙左出现裂缝⑬、⑭、⑮，裂缝⑩开展至与底梁相交。加载到$8\varphi_{ym}$时，墙右出现裂缝⑯，与裂缝⑮相交。加载到$9\varphi_{ym}$时，墙左裂缝⑬与裂缝⑯相交，两侧钢管底部有少许油漆剥落。加载到$10\varphi_{ym}$时，墙右出现裂缝⑰，墙左裂缝⑥开展至底梁，墙体原有裂缝附近持续出现与之近似平行的细小裂缝，两侧钢管出现轻微鼓屈。加载到$11\varphi_{ym}$时，试件达到峰值荷载，墙体上细小裂缝不断相交，裂缝宽度最大为⑪，达到1.0 mm，墙体中部及墙体底部混凝土有轻微压碎剥落，两侧钢管底部出现轻微撕裂。加载到$12\varphi_{ym}$、$13\varphi_{ym}$时，墙体底部混凝土持续压碎剥落，两侧钢管底部鼓屈、撕裂加重。$14\varphi_{ym}$时，墙体底部混凝土压碎剥落严重，左侧钢管底部鼓屈、撕裂明显，试件承载力下降至峰值荷载的85%以下，停止加载。

3.2.3.5　试件CFST-1.5-15（H）-CF60

试件CFST-1.5-15（H）-CF60在峰值荷载和试验结束后的破坏照片及墙体混凝土裂缝分布，如图3-17所示。当试件加载到$3\varphi_{ym}$时，墙左出现裂缝

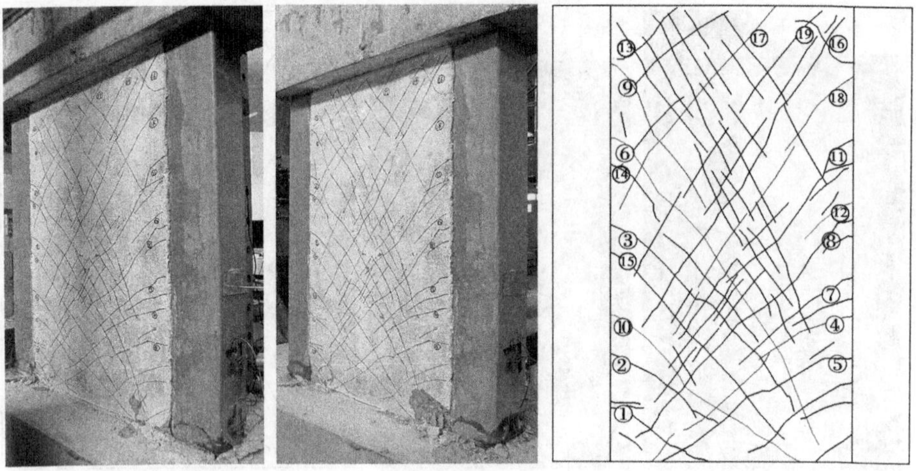

（a）峰值荷载时　　（b）试验结束后　　（c）墙体混凝土裂缝分布

图 3-16　试件 CFST-1.5-10(H)-CF60 的破坏形态与裂缝分布

①。加载到 $4\varphi_{ym}$ 时，墙右出现裂缝②、③，墙左出现裂缝④。加载到 $5\varphi_{ym}$ 时，墙右出现裂缝⑤。加载到 $6\varphi_{ym}$ 时，墙右出现裂缝⑥，墙左出现裂缝⑦。加载到 $7\varphi_{ym}$ 时，墙右出现裂缝⑧、⑨，裂缝③开展至与裂缝①相交。加载到 $8\varphi_{ym}$ 时，墙右出现裂缝⑩，墙左裂缝⑦开展至与裂缝③相交。加载到 $9\varphi_{ym}$ 时，墙右出现裂缝⑪，裂缝⑧开展至与裂缝④相交。加载到 $10\varphi_{ym}$、$11\varphi_{ym}$ 时，墙体原有裂缝附近出现少量与之近似平行的细小裂缝，两侧钢管底部有少许油漆剥落。加载到 $12\varphi_{ym}$ 时，试件达到峰值荷载，墙体上细小裂缝不断相交，裂缝宽度最大为④，达到 0.8 mm，墙体底部混凝土有轻微压碎剥落，两侧钢管底部轻微鼓屈。加载到 $13\varphi_{ym}$、$14\varphi_{ym}$ 时，墙体原有裂缝附近持续出现与之近似平行的细小裂缝，墙体底部混凝土持续压碎剥落，两侧钢管底部出现轻微撕裂。加载到 $15\varphi_{ym}$ 时，墙体底部混凝土明显压碎剥落，右侧钢管底部鼓屈、撕裂明显，试件承载力下降至峰值荷载的 85%以下，停止加载。

3.2.3.6　试件 CFST-1.5-10(H)-CF40

试件 CFST-1.5-10(H)-CF40 在峰值荷载和试验结束后的破坏照片及墙体混凝土裂缝分布，如图 3-18 所示。当试件加载到 $2\varphi_{ym}$ 时，墙右出现裂缝①、②、③，裂缝①与底梁相交。加载到 $3\varphi_{ym}$ 时，墙左出现裂缝④、⑤。加载到 $4\varphi_{ym}$ 时，墙右出现裂缝⑥，墙左出现与底梁相交的裂缝⑦。加载到 $5\varphi_{ym}$ 时，墙右出现裂缝⑧，裂缝⑥与裂缝④相交。加载到 $6\varphi_{ym}$ 时，墙右出现裂缝⑨、⑩，墙左出现裂缝⑪、⑫、⑬。加载到 $7\varphi_{ym}$ 时，无新裂缝产生。加载到 $8\varphi_{ym}$ 时，墙

(a)峰值荷载时

(b)试验结束后

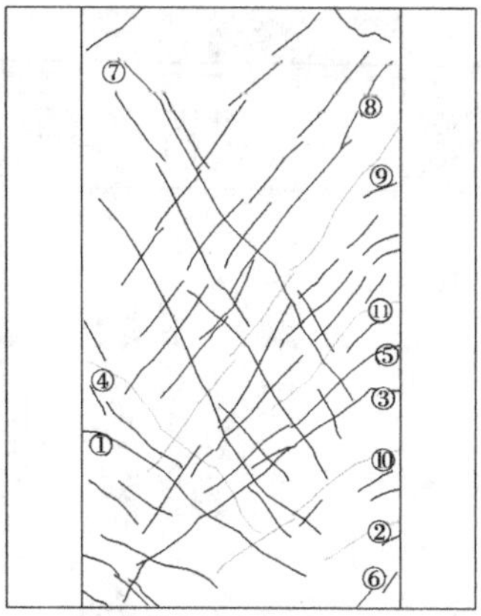

(c)墙体混凝土裂缝分布

(d)A大样图——钢管底部轻微鼓屈

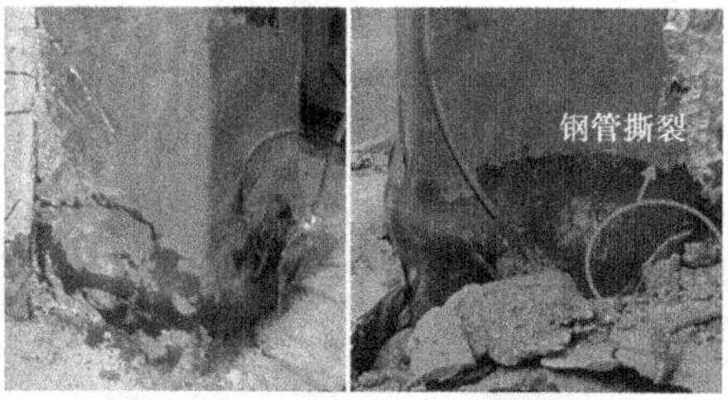

B大样图正面　B大样图背面

(e)B大样图——钢管底部鼓屈、撕裂明显

图 3-17　试件 CFST-1.5-15(H)-CF60 的破坏形态与裂缝分布

右出现裂缝⑭、⑮,墙左出现裂缝⑯。加载到 $9\varphi_{ym}$ 时,墙体原有裂缝附近出现少量与之近似平行的细小裂缝,两侧钢管底部有少许油漆剥落。加载到 $10\varphi_{ym}$ 时,试件达到峰值荷载,墙体上细小裂缝不断相交,裂缝宽度最大为⑤,达到 0.8 mm,两侧钢管底部轻微鼓屈。加载到 $11\varphi_{ym}$ 时,墙体中部及墙体底部混凝土有轻微压碎剥落,两侧钢管底部轻微撕裂。加载到 $12\varphi_{ym}$ 时,墙体底部混凝土明显压碎剥落,左侧钢管底部鼓屈、撕裂明显,试件承载力下降至峰值荷载的 85%以下,停止加载。

3.2.3.7　试件 CFST-1.5-10(H)-CF80

试件 CFST-1.5-10(H)-CF80 在峰值荷载和试验结束后的破坏照片及墙体混凝土裂缝分布,如图 3-19 所示。当试件加载到 $3\varphi_{ym}$ 时,墙左出现裂缝①。加载到 $4\varphi_{ym}$ 时,墙右出现裂缝②、③,墙左出现裂缝④。加载到 $5\varphi_{ym}$ 时,墙右出现裂缝⑤,开展至与底梁相交,墙左出现裂缝⑥、⑦、⑧。加载到 $6\varphi_{ym}$

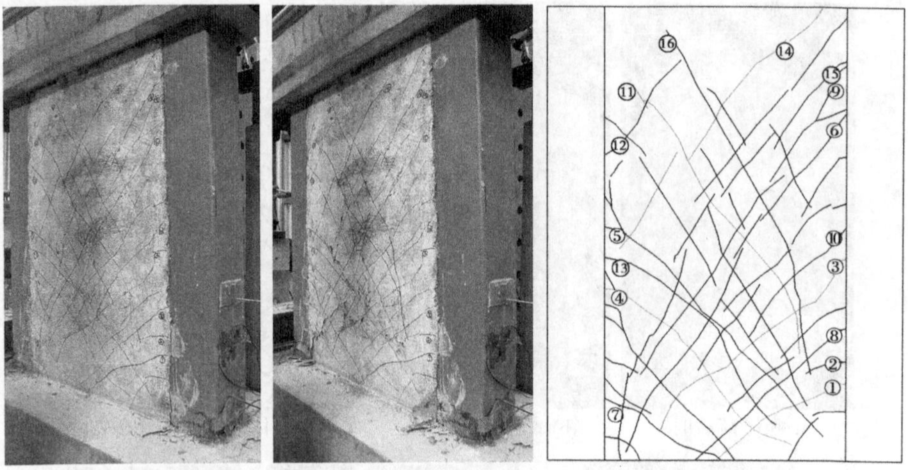

(a) 峰值荷载时　　(b) 试验结束后　　(c) 墙体混凝土裂缝分布

图 3-18　试件 CFST-1.5-10(H)-CF40 的破坏形态与裂缝分布

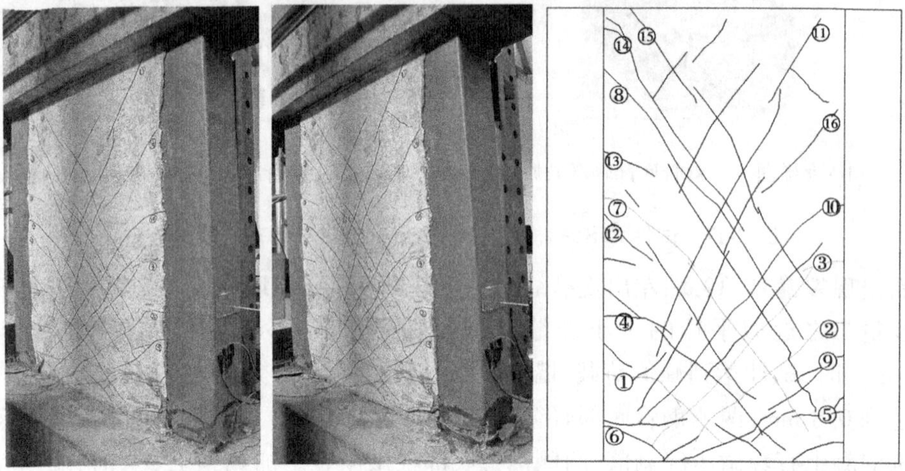

(a) 峰值荷载时　　(b) 试验结束后　　(c) 墙体混凝土裂缝分布

图 3-19　试件 CFST-1.5-10(H)-CF80 的破坏形态与裂缝分布

时，墙右出现裂缝⑨、⑩、⑪，裂缝⑨与底梁相交，墙左出现裂缝⑫、⑬。加载到 $7\varphi_{ym}$ 时，墙左出现裂缝⑭。加载到 $8\varphi_{ym}$ 时，墙左出现裂缝⑮，两侧钢管底部有少许油漆剥落。加载到 $9\varphi_{ym}$ 时，墙右出现裂缝⑯，原有裂缝附近出现少量与之近似平行的细小裂缝，两侧钢管底部轻微鼓屈。加载到 $10\varphi_{ym}$ 时，试件达到峰值荷载，裂缝宽度最大为⑦，达到 1.0 mm，墙体中部混凝土有轻微压碎剥落，墙体底部右侧混凝土明显压碎剥落，两侧钢管底部鼓屈加重。加载到 $11\varphi_{ym}$、$12\varphi_{ym}$ 时，右侧钢管底部轻微撕裂。加载到 $13\varphi_{ym}$ 时，右侧钢管底部鼓屈、撕裂明显，试件承载力下降至峰值荷载的 85%以下，停止加载。

3.2.3.8　试件 CFST-1.5-10(0.3H)-CF60

试件 CFST-1.5-10(0.3H)-CF60 在峰值荷载和试验结束后的破坏照片及墙体混凝土裂缝分布，如图 3-20 所示。当试件加载到 $3\varphi_{ym}$ 时，墙右出现裂缝①、②、③、④，墙左出现裂缝⑤、⑥。加载到 $4\varphi_{ym}$ 时，墙右出现裂缝⑦，墙左出现裂缝⑧、⑨。加载到 $5\varphi_{ym}$ 时，墙右出现裂缝⑩，墙左出现裂缝⑪。加载到 $6\varphi_{ym}$ 时，墙左出现裂缝⑫，裂缝②、⑧均开展至与底梁相交。加载到 $7\varphi_{ym}$ 时，墙左出现裂缝⑬、⑭。加载到 $8\varphi_{ym}$ 时，墙体出现裂缝⑮，裂缝⑫向下开展至与底梁相交，两侧钢管底部有少许油漆剥落。加载到 $9\varphi_{ym}$ 时，墙右出现裂缝⑯、⑰，两侧钢管底部轻微鼓屈。加载到 $10\varphi_{ym}$ 时，试件达到峰值荷载，裂缝宽度最大为⑩，达到 1.4 mm，墙体中部混凝土有轻微压碎剥落，两侧钢管底部鼓屈加重。加载到 $11\varphi_{ym}$、$12\varphi_{ym}$ 时，墙体原有裂缝附近出现少量与之近似平行的细小裂缝，墙体中部及墙体底部混凝土持续压碎剥落，两侧钢管底部轻微撕裂。加载到 $13\varphi_{ym}$ 时，墙体中部及墙体底部混凝土压碎剥落明显，两侧钢管底部鼓屈、撕裂明显，试件承载力下降至峰值荷载的 85%以下，停止加载。

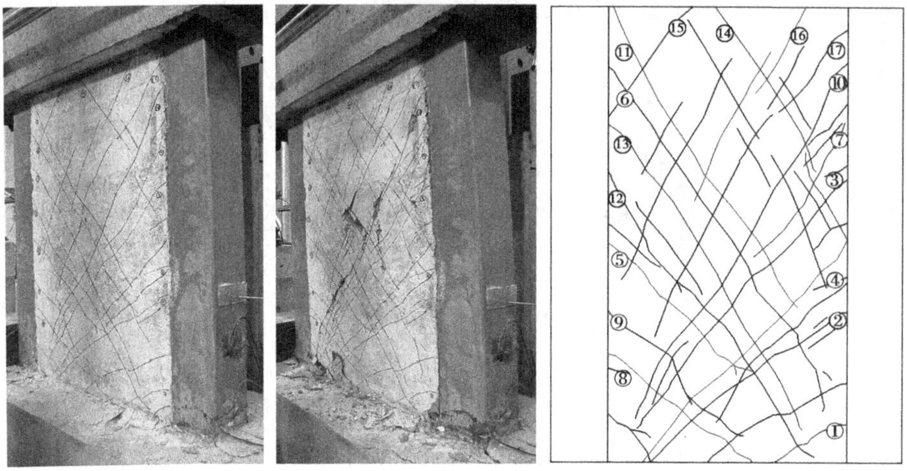

(a)峰值荷载时　　(b)试验结束后　　(c)墙体混凝土裂缝分布

图 3-20　试件 CFST-1.5-10(0.3H)-CF60 的破坏形态与裂缝分布

3.2.3.9　试件 CFST-1.5-10(0.6H)-CF60

试件 CFST-1.5-10(0.6H)-CF60 在峰值荷载和试验结束后的破坏照片

及墙体混凝土裂缝分布，如图 3-21 所示。当试件加载到 $3\varphi_{ym}$ 时，墙右出现裂缝①、②、③，墙左出现裂缝④、⑤、⑥。加载到 $4\varphi_{ym}$ 时，墙右出现裂缝⑦、⑧，墙左出现裂缝⑨、⑩、⑪，裂缝⑤向下开展至与底梁相交。加载到 $5\varphi_{ym}$ 时，墙左出现裂缝⑫。加载到 $6\varphi_{ym}$ 时，墙右出现裂缝⑬、⑭、⑮、⑯，裂缝⑯开展至与底梁相交，墙左出现裂缝⑰。加载到 $7\varphi_{ym}$ 时，无新裂缝产生。加载到 $8\varphi_{ym}$ 时，墙右出现裂缝⑱，两侧钢管底部有少许油漆剥落。加载到 $9\varphi_{ym}$ 时，裂缝⑲、⑳出现。加载到 $10\varphi_{ym}$ 时，墙体原有裂缝附近出现少量与之近似平行的细小裂缝，两侧钢管底部轻微鼓屈。加载到 $11\varphi_{ym}$ 时，试件达到峰值荷载，裂缝宽度最大为⑫，达到 1.2 mm，墙体中部及墙体底部右侧混凝土有轻微压碎剥落，两侧钢管底部鼓屈加重。加载到 $12\varphi_{ym}$、$13\varphi_{ym}$ 时，墙体原有裂缝附近继续出现少量与之近似平行的细小裂缝，墙体中部及墙体底部混凝土持续压碎剥落，两侧钢管底部轻微撕裂。加载到 $14\varphi_{ym}$ 时，墙体底部右侧混凝土明显压碎剥落，右侧钢管底部鼓屈、撕裂明显，试件承载力下降至峰值荷载的 85%以下，停止加载。

（a）峰值荷载时　（b）试验结束后　（c）墙体混凝土裂缝分布

图 3-21　试件 CFST-1.5-10(0.6H)-CF60 的破坏形态与裂缝分布

3.2.3.10　**试件** CFST-1.5-10(H)-CF60(0.1)

试件 CFST-1.5-10(H)-CF60(0.1)在峰值荷载和试验结束后的破坏照片及墙体混凝土裂缝分布，如图 3-22 所示。当试件加载到 $3\varphi_{ym}$ 时，墙右出现裂缝①，墙左出现裂缝②。加载到 $4\varphi_{ym}$ 时，墙右出现裂缝③、④、⑤、⑥、⑦，墙左出现裂缝⑧、⑨、⑩、⑪。加载到 $5\varphi_{ym}$ 时，墙左出现裂缝⑫。加载到 $6\varphi_{ym}$

时,墙左出现裂缝⑬。加载到 $7\varphi_{ym}$ 时,裂缝①开展至与底梁相交。加载到 $8\varphi_{ym}$、$9\varphi_{ym}$、$10\varphi_{ym}$ 时,墙体原有裂缝附近出现少量与之近似平行的细小裂缝,两侧钢管底部有少许油漆剥落。1 加载到 $1\varphi_{ym}$ 时,试件达到峰值荷载,裂缝宽度最大为⑥,达到 0.4 mm,两侧钢管底部轻微鼓屈。加载到 $12\varphi_{ym}$、$13\varphi_{ym}$ 时,墙体底部混凝土轻微压碎剥落,两侧钢管底部轻微撕裂。加载到 $14\varphi_{ym}$ 时,墙体底部混凝土明显压碎剥落,右侧钢管底部鼓屈、撕裂明显,试件承载力下降至峰值荷载的 85%以下,停止加载。

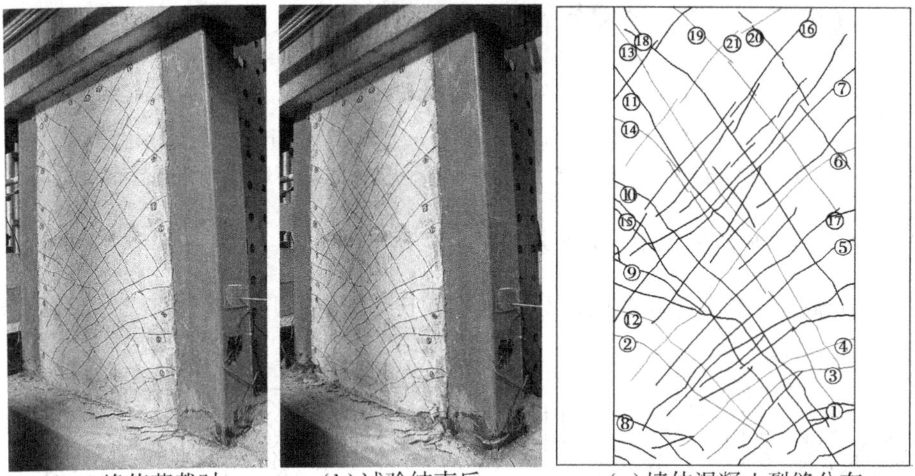

(a)峰值荷载时　(b)试验结束后　(c)墙体混凝土裂缝分布

图 3-22　试件 CFST-1.5-10(H)-CF60(0.1)的破坏形态与裂缝分布

3.2.3.11　试件 CFST-1.5-10(H)-CF60(单)

试件 CFST-1.5-10(H)-CF60(单)在峰值荷载和试验结束后的破坏照片及墙体混凝土裂缝分布,如图 3-23 所示。当试件加载到 $3\varphi_{ym}$ 时,裂缝①、②、③出现,裂缝①发展至与底梁相交。加载到 $4\varphi_{ym}$ 时,裂缝④出现。加载到 $5\varphi_{ym}$ 时,裂缝⑤、⑥、⑦出现。加载到 $6\varphi_{ym}$ 时,裂缝⑧出现。加载到 $7\varphi_{ym}$、$8\varphi_{ym}$ 时,无新裂缝产生。加载到 $9\varphi_{ym}$ 时,两侧钢管底部有少许油漆剥落。加载到 $10\varphi_{ym}$、$11\varphi_{ym}$ 时,裂缝④、⑤、⑥附近出现与之近似平行的细小裂缝,右侧受压钢管底部轻微鼓屈。加载到 $12\varphi_{ym}$ 时,试件达到峰值荷载,裂缝宽度最大为⑥,达到 0.8 mm,右侧受压钢管鼓屈加重。加载到 $13\varphi_{ym}$、$14\varphi_{ym}$ 时,裂缝发展基本稳定,裂缝宽度不断变大,裂缝④附近混凝土轻微压碎剥落。加载到 $15\varphi_{ym}$ 时,右侧受压钢管鼓屈明显,试件承载力下降至峰值荷载的 85%以下,停止加载。

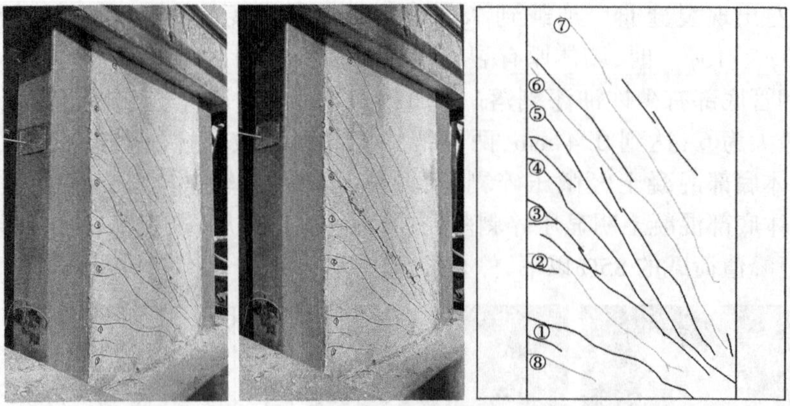

(a)峰值荷载时　(b)试验结束后　(c)墙体混凝土裂缝分布

图 3-23　试件 CFST-1.5-10(H)-CF60(单)的破坏形态与裂缝分布

3.2.4　中高剪力墙试件破坏特征

中高剪力墙试件以弯曲破坏为主,属于大偏心受压[184-185],其裂缝分布对比见图 3-24。

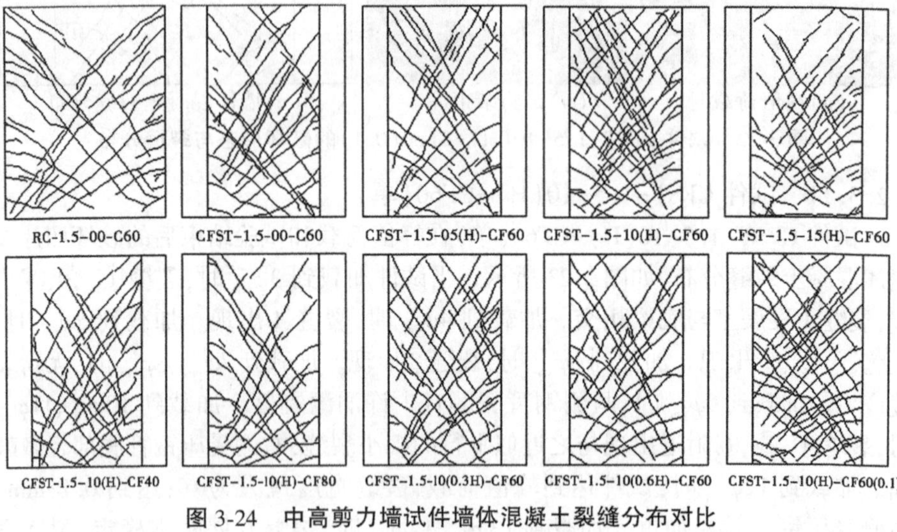

图 3-24　中高剪力墙试件墙体混凝土裂缝分布对比

试验研究和理论分析表明,钢管混凝土边框混凝土中高剪力墙在压、弯、剪共同作用下的受力过程大致分为两个阶段[183]:加载前期,作用于钢管混凝土边框混凝土中高剪力墙的弯矩由钢管混凝土边框柱承担,水平剪力由墙体承担;加载进入中后期,根据钢管混凝土边框柱配钢量与墙体配筋量比例的不同，这一阶段大致分为三种情况：

(1)若钢管混凝土边框柱配钢率较高，墙体配筋率相对较低，则墙体承担剪力的能力较弱，当加载进入中后期，墙体开裂、刚度持续下降，剪力向钢管混凝土边框柱逐渐转移，边框柱承受弯、剪综合作用，随着反复加载的进行，墙体裂缝充分开展，裂缝宽度不断增大，墙体分布钢筋不断屈服，墙体混凝土逐渐压酥、剥落，而后边框柱也在弯剪作用下逐步破坏，柱脚处钢管底部屈曲，剪力墙试件很快进入破坏状态，整个破坏过程剪力墙试件总体上表现出弯剪破坏的特征，钢管混凝土边框柱总体上鼓屈程度较小，仍能承受一定荷载，而墙体则表现出较强的剪切破坏特征。

(2)若钢管混凝土边框柱配钢率较低，墙体配筋率相对较高，则墙体承担剪力的能力较强，水平剪力基本不会向钢管混凝土边框柱转移，随着反复加载的进行，水平剪力不断增大，试件底部弯矩也随之增大，边框柱钢管在正负向弯矩反复作用下逐渐屈曲甚至撕裂，钢管内部被压溃的混凝土沿裂口处掉出，钢管柱底部与墙体交界处混凝土逐步压酥、剥落，钢管混凝土边框柱达到受弯破坏，而墙体仍能承受一定的水平剪力，并能基本保持完好。

(3)若钢管混凝土边框柱配钢率与墙体配筋率达到平衡临界状态，则墙体受剪破坏时，钢管混凝土边框柱也达到受弯破坏，剪力墙试件总体上表现出弯剪破坏的特征，墙体和钢管混凝土边框柱破坏程度均较轻。

图 3-24 中，钢管混凝土柱高强混凝土剪力墙试件 CFST-1. 5-00-C60 属于上述第一种弯剪破坏情况，其裂缝发展形态以弯剪裂缝为主。首先在墙体底部 1/3 高度范围内陆续出现弯剪裂缝，并从墙侧向中部斜向下发展，裂缝宽度也持续加大；加载中期墙体裂缝继续发展，两侧钢管混凝土边框柱的柱脚处方钢管外侧角部开始出现轻微鼓屈，随着反复加载的继续，鼓屈程度逐渐加大，柱脚处鼓屈逐渐从钢管角部向钢管侧面发展；加载后期，墙体裂缝充分开展，裂缝宽度继续增大，在剪力墙试件达到峰值荷载后，墙体分布钢筋基本屈服，墙体中部混凝土逐步压酥、大块剥落，水平剪力不断向钢管混凝土边框柱转移，而后两侧的钢管混凝土边框柱也在弯剪作用下破坏，柱脚处钢管底部侧面几乎全部鼓屈，形成较为集中的耗能区域，墙体底部与钢管混凝土边框柱交界处混凝土几乎同时压碎剥落，剪力墙试件很快进入破坏状态，整个破坏过程剪力墙试件总体上表现出弯剪破坏的特征，钢管混凝土边框柱整体鼓屈程度较小[见图 3-14(d)、(e)]，仍能承受一定荷载，而墙体则表现出较强的剪切破坏特征。

图 3-24 中还显示，掺入钢纤维后，剪力墙试件倾向于上述第二种弯曲破坏情况，其墙体裂缝发展形态与未掺钢纤维的墙体基本一致。但由于钢纤维

的承拉作用,钢纤维能有效控制试件的裂缝发展、减小裂缝间距及裂缝宽度[210]。例如,未掺加钢纤维的试件 CFST-1.5-00-C60 在峰值荷载时的最大裂缝宽度达到了 1.8 mm,而钢纤维体积率为 0.5%、1.0% 及 1.5% 的试件 CFST-1.5-05(H)-CF60、CFST-1.5-10(H)-CF60 及 CFST-1.5-15(H)-CF60 在峰值荷载时的最大裂缝宽度分别仅为 1.2 mm、1.0 mm 及 0.8 mm。钢纤维显著改善了裂缝的分布形态,限制了主裂缝的宽度,缓解了混凝土压碎剥落情况,降低了剪力墙的破坏程度,随着钢纤维体积率的增大,峰值荷载时剪力墙的裂缝变细、变密。钢纤维还可以等效为一种随机分布的细、密配筋[210],相当于变相提高了剪力墙墙体配筋率,随着钢纤维体积率的增加,墙体抗剪能力显著提高,剪力墙试件加载循环次数明显增加,边框柱底部钢管在弯矩作用下屈曲、撕裂程度增加,剪力墙试件受弯特征愈加明显,愈趋向于上述第二种弯曲破坏情况。如图 3-17 所示,钢纤维掺量为 1.5% 的试件 CFST-1.5-15(H)-CF60,其最终破坏时墙体混凝土几乎无剥落,仅钢管柱底部与墙体交界处混凝土部分有压酥、剥落现象,整个墙体基本保持完好,而边框柱钢管底部因反复拉压次数的增多,超过其极限抗拉强度,屈曲、撕裂现象较严重[见图 3-17(d)、(e)],钢管混凝土边框柱先于墙体破坏。

从图 3-24 中还可以看出,与钢管混凝土柱高强混凝土剪力墙试件相比,由于钢纤维的存在,不同钢纤维混凝土强度、钢纤维掺加高度及轴压比的钢管混凝土柱钢纤维混凝土剪力墙试件破坏特征及墙体混凝土裂缝分布总体上基本一致,只是在试件总体破坏速度及柱柱钢管鼓屈、撕裂程度上略有区别。

综上所述,钢纤维可显著提高钢管混凝土柱钢纤维高强混凝土中高剪力墙墙体的抗剪能力,在边框柱配钢率一定的情况下,随着钢纤维体积率的增大,墙体的受剪能力逐渐提高,边框柱的受弯能力相对变弱,使钢管混凝土柱钢纤维高强混凝土中高剪力墙的破坏形态发生了改变,由弯剪破坏趋向甚至转变为弯曲破坏。

3.3 剪力墙试件主要试验结果分析

3.3.1 荷载(P)—位移(Δ)滞回曲线

滞回曲线可以综合反映循环荷载作用下剪力墙试件的承载力、刚度及耗能等[211]。实测各剪力墙试件的荷载—位移曲线见图 3-25。由图 3-25 可见,剪力墙试件的荷载—位移曲线具有以下特点:

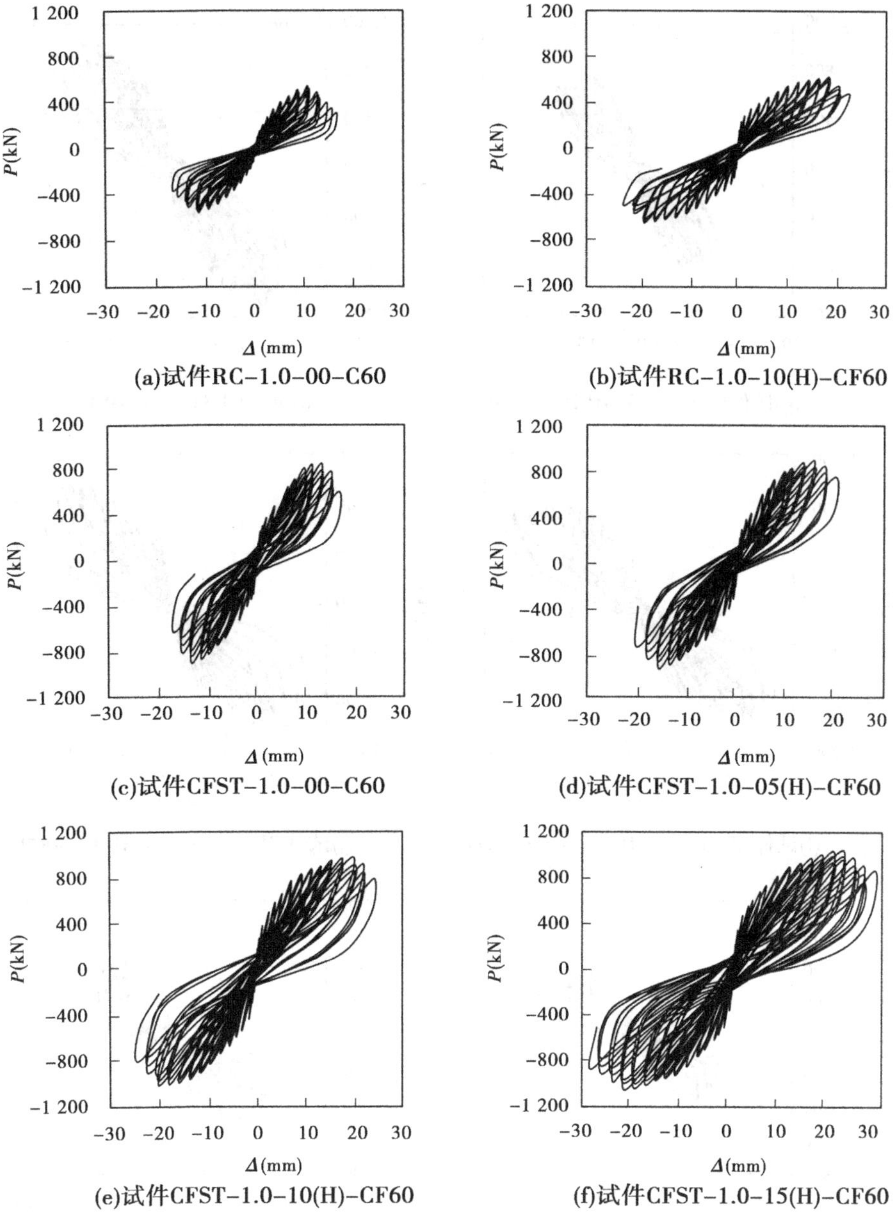

图 3-25　剪力墙试件荷载(P)—位移(Δ)滞回曲线

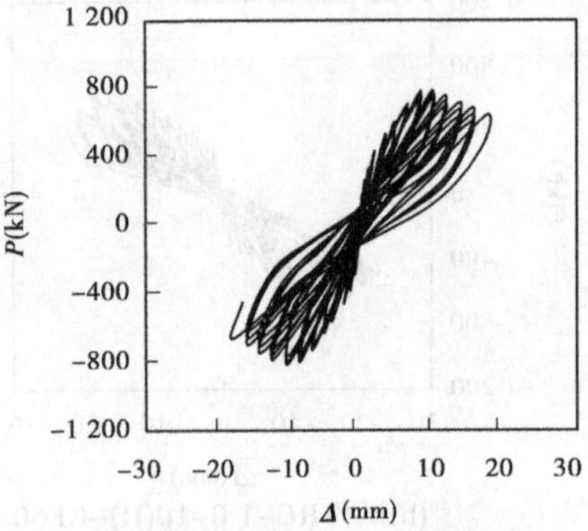

(g)试件CFST-1.0-10(H)-CF40

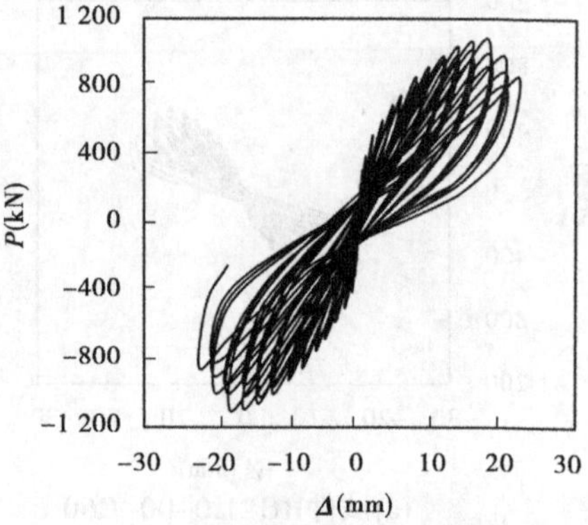

(h)试件CFST-1.0-10(H)-CF80

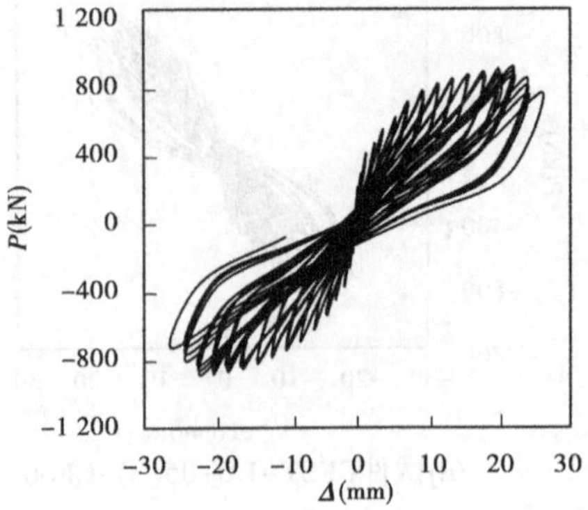

(i)试件CFST-1.0-10(H)-CF60(0.1)

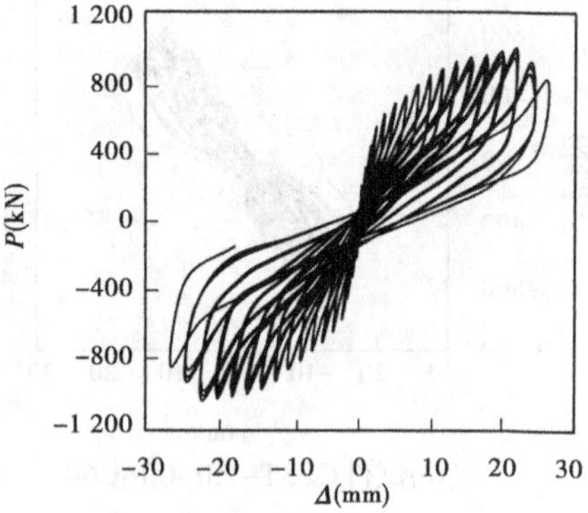

(j)试件CFST-1.0-10(H)-CF60(5D)

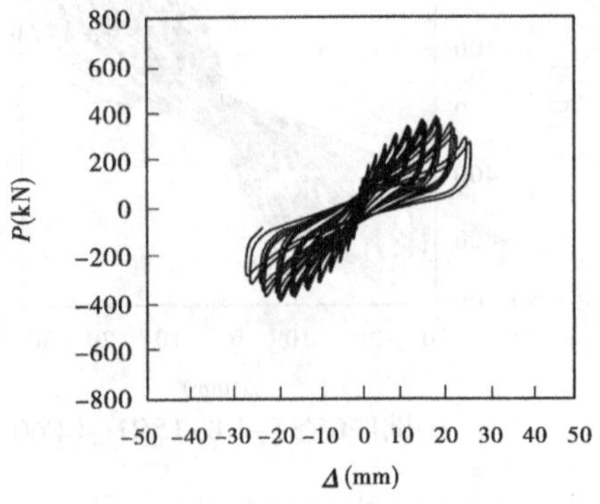

(k)试件RC-1.5-00-C60

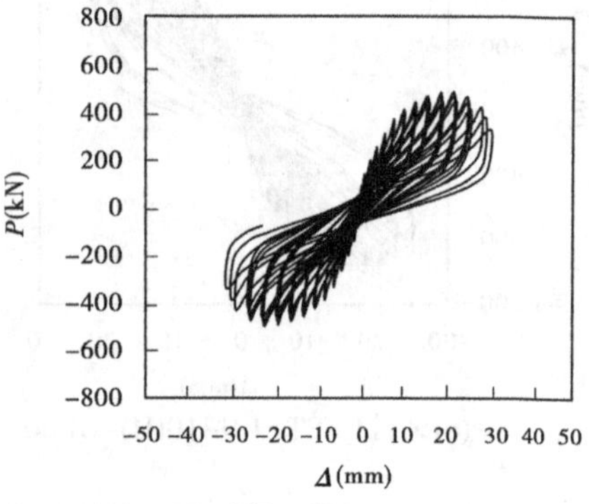

(l)试件CFST-1.5-00-C60

续图 3-25

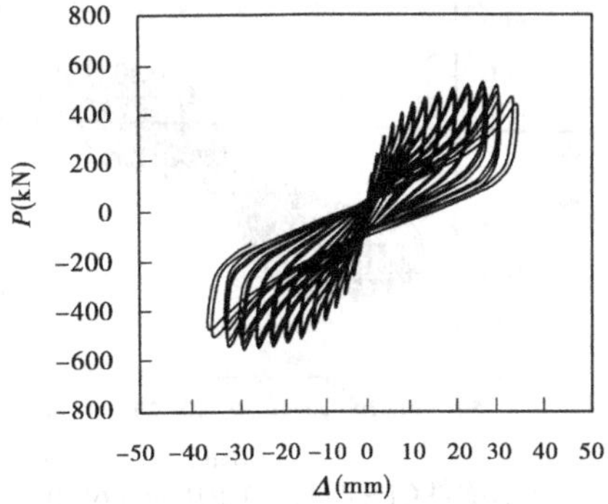

(m)试件CFST−1.5−05(H)−CF60

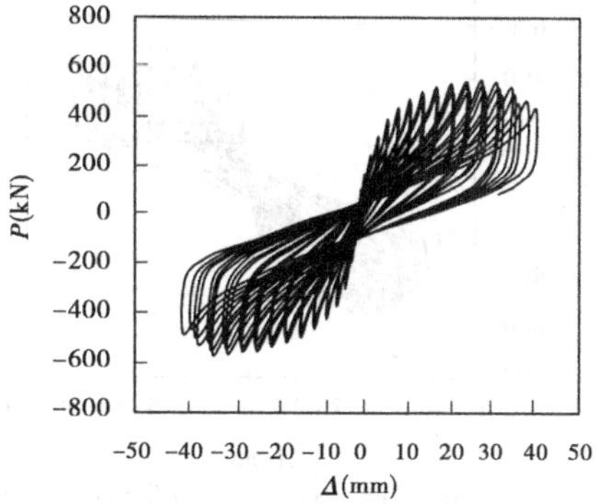

(n)试件CFST−1.5−10(H)−CF60

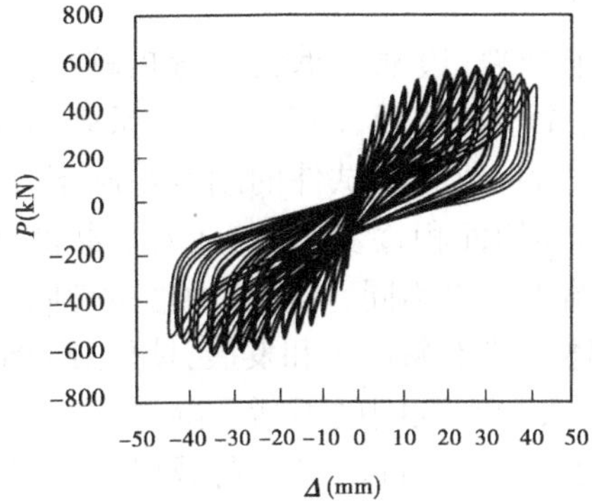

(o)试件CFST−1.5−15(H)−CF60

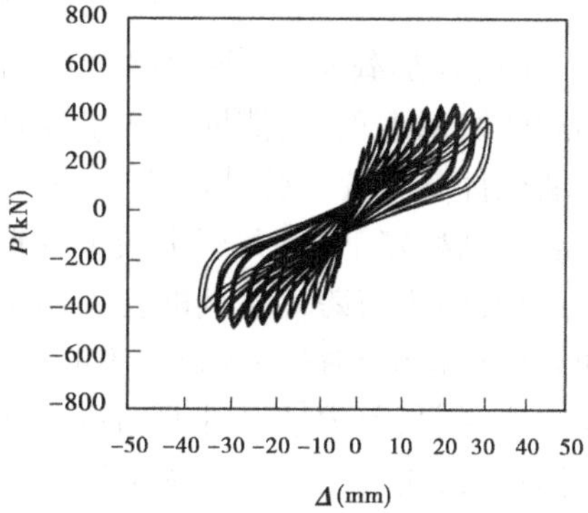

(p)试件CFST−1.5−10(H)−CF40

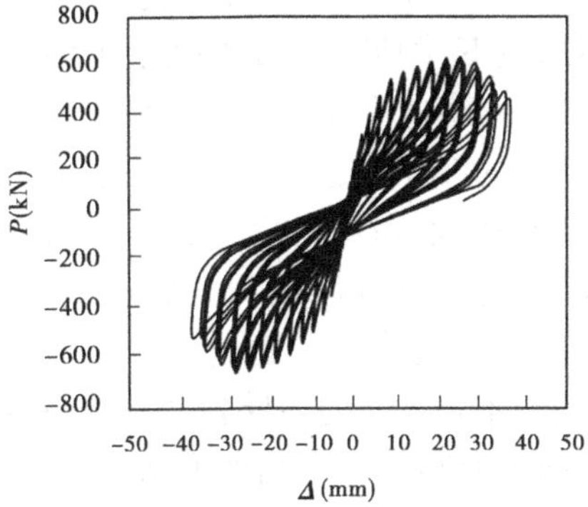

(q)试件CFST−1.5−10(H)−CF80

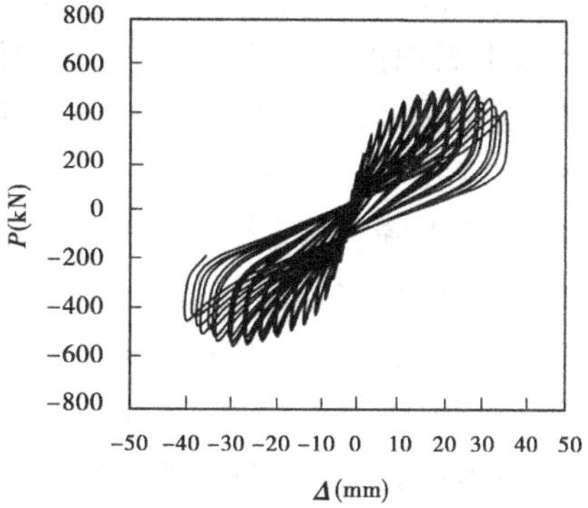

(r)试件CFST−1.5−10(0.3H)−CF60

续图 3-25

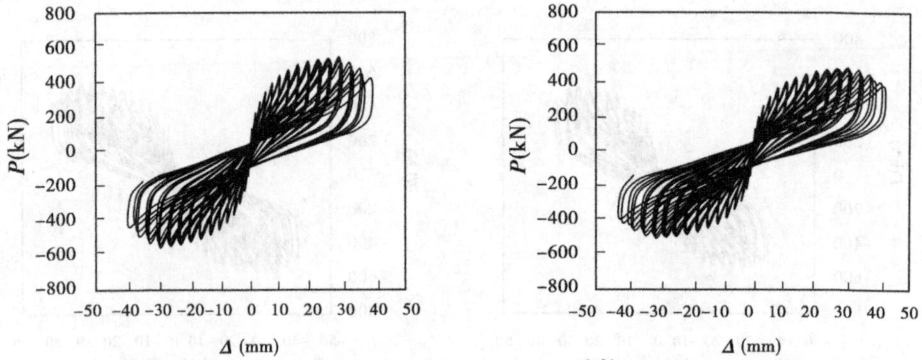

(s)试件CFST-1.5-10(0.6H)-CF60　　(t)试件CFST-1.5-10(H)-CF60(0.1)

续图 3-25

(1)在加载初期,剪力墙试件墙体尚未开裂,边框柱承受的弯矩较小,加卸载曲线基本重合,滞回曲线呈线性变化,无残余变形,两个剪跨比系列的剪力墙试件基本处于弹性阶段;当墙体开裂以后,剪力墙试件的刚度不断下降,承载力则稳定上升,并产生残余变形,滞回环的面积逐步增大;随着加载的继续进行,两个剪跨比系列的剪力墙试件开始表现出不同:低矮剪力墙试件随着加载位移幅值和循环次数的不断增加,墙体裂缝不断产生和发展,墙体分布钢筋逐步屈服,剪力墙试件开始进入屈服状态,加卸载刚度不断下降,残余变形逐渐增大,曲线"捏缩"开始明显,试件处于弹塑性阶段;峰值荷载以后,墙体裂缝充分产生和发展,墙体混凝土不断压碎、剥落,墙体逐渐退出工作,剪力不断向钢管混凝土边框柱转移,加卸载刚度进一步下降,曲线的残余变形更为显著,由于累积损伤作用,同级位移幅值循环加载下,随循环次数增加,剪力墙的强度退化明显;而中高剪力墙试件随着加载位移幅值和循环次数不断增加,边框柱钢管在反复拉压作用下逐渐屈服,剪力墙试件开始进入屈服状态,加卸载刚度不断下降,其残余变形和滞回环面积不断增大;继续加载,剪力墙试件的同级强度退化逐渐明显;峰值荷载以后,墙体裂缝充分产生和发展并趋于稳定,边框柱钢管鼓屈愈加明显甚至撕裂,加卸载刚度进一步退化,曲线的残余变形更为显著,同级强度退化也更加明显,但由于试件的剪跨比均为 1.5,属中高剪力墙,有一定的弯剪破坏特征,因此钢管混凝土柱中高剪力墙试件的滞回曲线总体上也呈现出一定的"捏缩"特征,但其"捏缩"程度相对低矮剪力墙试件较低。

(2)同一剪跨比系列,且边框型式一致,随着钢纤维体积率的增大,剪力墙试件在相同位移水平下的最大承载力有所提高,残余变形不断增大,总的循环加载次数相对增加,剪力墙试件的滞回环更加饱满,耗能能力增强,峰值荷载后剪力墙试件滞回曲线下降趋缓,延性增加。例如,低矮剪力墙系列,与未掺加钢纤维的钢筋混凝土剪力墙试件 RC-1.0-00-C60 总的加载循环次数相比,钢纤维体积率为 1.0%的钢筋钢纤维混凝土剪力墙试件 RC-1.0-10(H)-CF60 总的加载循环次数提高了 40%,与未掺加钢纤维的钢管混凝土柱高强混凝土剪力墙试件 CFST-1.0-00-C60 总的加载循环次数相比,钢纤维体积率为 0.5%、1.0%及 1.5%的钢管混凝土柱钢纤维高强混凝土剪力墙试件 CFST-1.0-05(H)-CF60、CFST-1.0-10(H)-CF60 及 CFST-1.0-15(H)-CF60 总的加载循环次数分别提高了 15.38%、30.77%及 46.15%;中高剪力墙系列,与未掺加钢纤维的试件 CFST-1.5-00-C60 总的加载循环次数相比,钢纤维体积率为 0.5%、1.0%及 1.5%的试件 CFST-1.5-05(H)-CF60、CFST-1.5-10(H)-CF60 及 CFST-1.5-15(H)-CF60 总的加载循环次数分别提高了 8.33%、16.67%及 25%。

(3)同一剪跨比系列,随着混凝土强度的提高,剪力墙试件的峰值荷载明显提高,但峰值荷载后试件的曲线下降变陡,强度和刚度退化加快,延性降低。

(4)同一剪跨比系列,随着轴压比的提高,从 0.1 到 0.2,剪力墙试件的峰值荷载有所提高,峰值荷载前刚度和强度退化变缓,但峰值荷载后滞回曲线下降变陡。

(5)同一剪跨比系列,与钢筋混凝土剪力墙试件相比,钢管混凝土柱剪力墙试件的峰值荷载和峰值位移较大,滞回环较为饱满,总的循环加载次数较多,体现了钢管边框较强的增强作用。

(6)1.0 剪跨比系列,与试件 CFST-1.0-10(H)-CF60 相比,试件 CFST-1.0-10(H)-CF60(5D)的峰值荷载、峰值位移和极限位移有所提高,强度和刚度退化相对缓慢,滞回曲线较为饱满。

(7)1.5 剪跨比系列,随着钢纤维掺加高度的提高,剪力墙试件的峰值荷载和峰值位移不断增大。

(8)在其他试验参数一致的情况下,随着剪跨比的增大,从 1.0 到 1.5,剪力墙试件的峰值荷载和极限荷载降低,但峰值位移和极限位移变大,滞回环饱满度提高。

3.3.2 P—Δ 骨架曲线

P—Δ 骨架曲线是荷载—位移滞回曲线上各级加载的荷载峰值点依次相连得到的包络曲线[212]。实测各剪力墙试件 P—Δ 骨架曲线,如图 3-26 所示。

由图 3-26 可见,剪力墙试件的 $P—\Delta$ 骨架曲线具有以下特点:

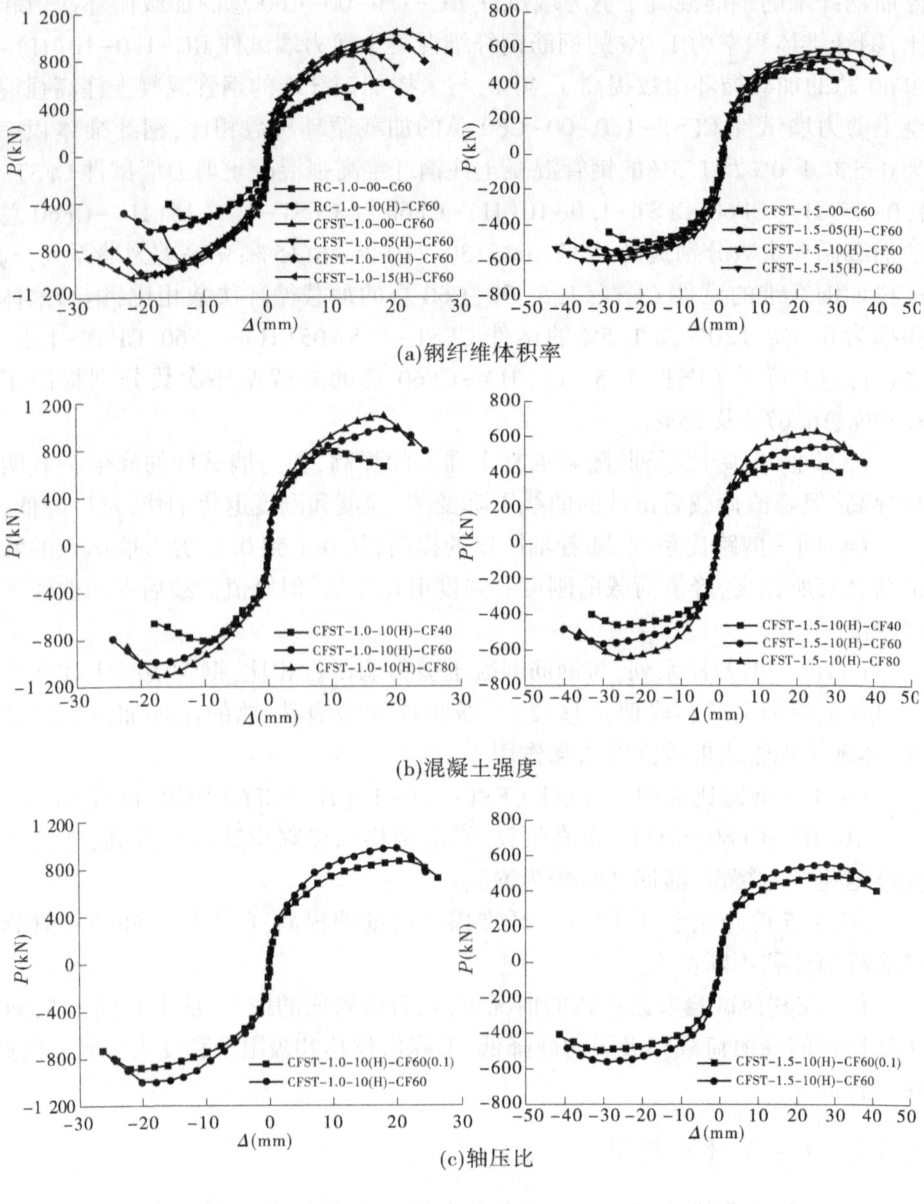

图 3-26　剪力墙试件 $P—\Delta$ 骨架曲线

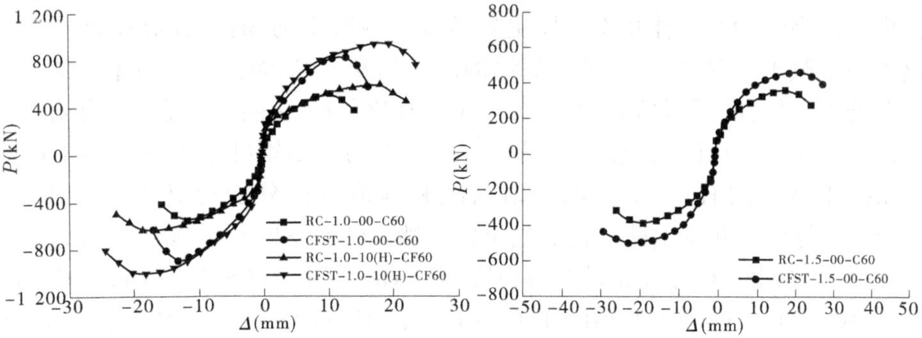

(d)边框型式

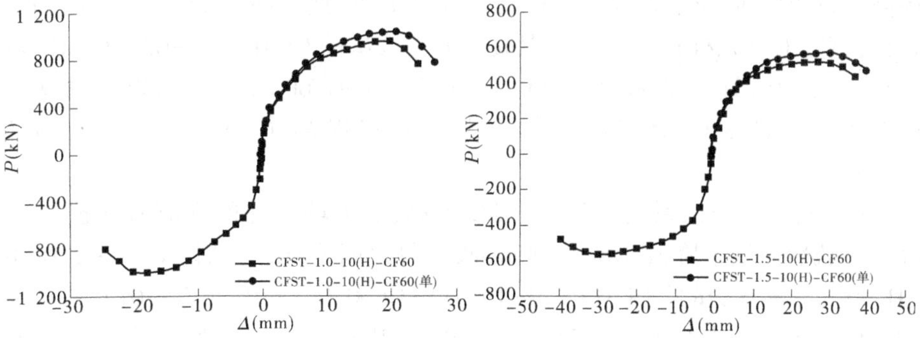

(e)加载制度

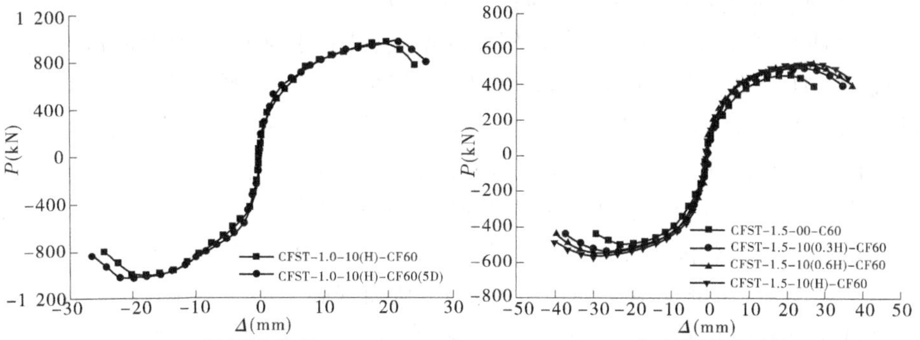

(f)钢纤维类型　(g)钢纤维掺加高度

续图 3-26

(1)同一剪跨比系列,且边框型式一致,随着钢纤维体积率的增加,试件的峰值荷载和峰值位移均不断提高，峰值荷载后曲线下降趋势变缓。这主要是由于较高的钢纤维体积率可以更好地提高混凝土的韧性，提高墙体中分布钢筋与混凝土的黏结性能，抑制裂缝的产生和发展，从而提高剪力墙的延性和承载能力。例如，低矮剪力墙系列，与未掺加钢纤维的钢筋混凝土剪力墙试件RC-1.0-00-C60相比，钢纤维体积率为1.0%的钢筋钢纤维混凝土剪力墙试件RC-1.0-10(H)-CF60的峰值荷载和峰值位移分别提高了15.38%和67.57%，与钢管混凝土柱高强混凝土剪力墙试件CFST-1.0-00-C60相比，钢管混凝土柱钢纤维高强混凝土剪力墙试件CFST-1.0-05(H)-CF60、CFST-1.0-10(H)-CF60和CFST-1.0-15(H)-CF60的峰值荷载分别提高了4.43%、12.71%和18.62%，峰值位移分别提高了19.85%、53.44%和67.18%；中高剪力墙系列，与钢管混凝土柱高强混凝土剪力墙试件CFST-1.5-00-C60相比，钢管混凝土柱钢纤维高强混凝土剪力墙试件CFST-1.5-05(H)-CF60、CFST-1.5-10(H)-CF60和CFST-1.5-15(H)-CF60的峰值荷载分别提高了8.83%、14.17%和21.77%，峰值位移分别提高了19.28%、28.25%和44.39%。

(2)同一剪跨比系列，混凝土强度越高，剪力墙试件的峰值荷载越大，但峰值荷载后曲线下降段越陡。例如，低矮剪力墙系列，与试件CFST-1.0-10(H)-CF40相比，试件CFST-1.0-10(H)-CF60和CFST-1.0-10(H)-CF80的峰值荷载分别提高了23.97%和36.95%；中高剪力墙系列，与试件CFST-1.5-10(H)-CF40相比，试件CFST-1.5-10(H)-CF60和CFST-1.5-10(H)-CF80的峰值荷载分别提高了21.93%和39.69%。

(3)同一剪跨比系列，随着轴压比的增大，从0.1到0.2，剪力墙试件的峰值荷载有所提高，峰值荷载前刚度增大，但峰值位移和极限位移减小，峰值荷载后曲线下降段变陡。这主要是由于在墙体开裂前，轴压力越大，墙体截面的受压区面积和压应变越大，墙体开裂延迟，并且在试件开裂后，较大的轴压力会增大混凝土的骨料咬合力，在一定程度上推迟裂缝的产生和发展，从而使剪力墙试件峰值荷载前的刚度变大；但同时较大的轴压力会使墙体斜压破坏的特征更加明显，边框柱承受的轴压力变大，从而提高了剪力墙试件的峰值荷载而降低了其峰值位移和极限位移，并使峰值荷载后试件的破坏速度加快，反映在骨架曲线上则是峰值荷载后曲线下降段变陡[181]。

(4)同一剪跨比系列，与钢筋混凝土剪力墙试件相比，钢管混凝土柱剪力墙试件的峰值荷载、峰值位移和极限荷载、极限位移均有一定程度的提高，表明钢管的存在可以提高剪力墙试件的承载力和变形能力。例如，低矮剪力墙系列，与试件 RC-1.0-10(H)-CF60 相比，试件 CFST-1.0-10(H)-CF60 的峰值荷载和峰值位移分别提高了 57.62%和 8.07%；中高剪力墙系列，与试件 RC-1.5-00-C60 相比，试件 CFST-1.5-00-C60 的峰值荷载和峰值位移分别提高了 27.49%和 19.89%。上述数据同时表明，对于低矮剪力墙系列，钢管的存在可以较大幅度地提高剪力墙试件的承载能力，但对试件变形能力的提高幅度相对较小。这主要是由于钢管混凝土边框柱的抗剪能力较钢筋混凝土边框柱强，并能够对墙体形成有效约束，从而大幅度提高了剪力墙试件的抗剪承载力；但在剪力墙试件中墙体承担了大部分的剪力，墙体的破坏机制对剪力墙试件的破坏模式起着控制性作用，因此边框型式对低矮剪力墙试件的变形能力影响较小。

(5) 同一剪跨比系列，与循环加载的剪力墙试件相比，单调加载的剪力墙试件，其峰值荷载、峰值位移和极限荷载、极限位移相对较高。例如，低矮剪力墙系列，与试件 CFST-1.0-10(H)-CF60 相比，试件 CFST-1.0-10(H)-CF60(单)的峰值荷载和峰值位移分别提高了 7.25%和 5.47%；中高剪力墙系列，与试件 CFST-1.5-10(H)-CF60 相比，试件 CFST-1.5-10(H)-CF60(单)的峰值荷载和峰值位移分别提高了 7.91%和 8.74%。这主要是因为循环加载下剪力墙试件塑性损伤累积，导致试件承载力和变形能力变差。

(6) 1.0 剪跨比系列，与剪力墙试件 CFST-1.0-10(H)-CF60 相比，剪力墙试件 CFST-1.0-10(H)-CF60(5D)的承载力和变形能力相对较高，峰值荷载后曲线下降趋势较为平缓，延性较好，表明了 5D 65/60BG 型钢纤维的增强增韧作用较强。

(7) 1.5 剪跨比系列，随着钢纤维掺加高度的增加，剪力墙试件的峰值荷载和峰值位移总体上呈增大趋势，峰值荷载后曲线下降趋势变缓。

(8) 在其他试验参数一致的情况下，随着剪跨比的增大，从 1.0 到 1.5，剪力墙试件的峰值荷载和极限荷载降低，但峰值位移和极限位移变大，峰值点后曲线下降趋势变缓。

表 3-1 给出了各剪力墙试件在屈服、峰值和极限特征点处的荷载和位移值。表 3-1 中，各特征点的荷载和位移取正反向荷载和位移的平均值，y、m、u 分别代表屈服点、峰值点和极限点，极限点取为荷载下降到峰值荷载 85%时的点。由于剪力墙的屈服点不明显，因此此处采用等能量法确定剪力墙的屈服荷载和屈服位移[85,211]。由表 3-1 可以看出，相关试验参数对各剪力墙试件特征点的影响规律。

表 3-1　剪力墙试件特征点处的荷载和位移值

试件编号	P_y (kN)	Δ_y (mm)	P_m (kN)	Δ_m (mm)	P_u (kN)	Δ_u (mm)	μ	E (kN · m)
RC-1.0-00-C60	452	6.7	546	11.1	464	13.7	2.04	39.61
RC-1.0-10(H)-CF60	502	8.0	630	18.6	536	21.0	2.63	89.29
CFST-1.0-00-C60	710	7.4	881	13.1	749	15.5	2.09	86.9
CFST-1.0-05(H)-CF60	748	8.3	920	15.7	782	19.4	2.34	112.9
CFST-1.0-10(H)-CF60	807	8.8	993	20.1	844	23.5	2.67	157.9
CFST-1.0-15(H)-CF60	848	9.5	1 045	21.9	888	27.2	2.86	286.4
CFST-1.0-10(H)-CF40	642	5.4	801	10.3	680	16.5	3.06	82.0
CFST-1.0-10(H)-CF80	882	8.7	1 097	17.9	932	21.1	2.43	162.6
CFST-1.0-10(H)-CF60(0.1)	731	9.2	886	22.2	753	25.7	2.79	144.10
CFST-1.0-10(H)-CF60(5D)	815	9.0	1 013	22.0	861	25.4	2.82	179.75
CFST-1.0-10(H)-CF60(单)	878	9.4	1 065	21.2	905	25.5	2.71	—
RC-1.5-00-C60	312	9.5	382	18.6	325	23.9	2.52	65.09
CFST-1.5-00-C60	411	10.3	487	22.3	414	28.8	2.80	108.06
CFST-1.5-05(H)-CF60	445	10.5	530	26.6	451	33.2	3.16	154.96
CFST-1.5-10(H)-CF60	464	10.9	556	28.6	473	38.6	3.54	194.92
CFST-1.5-15(H)-CF60	488	10.8	593	32.2	504	42.3	3.92	289.42
CFST-1.5-10(H)-CF40	386	8.4	456	25.3	388	32.1	3.82	117.54
CFST-1.5-10(H)-CF80	542	10.6	637	25.8	541	33.3	3.14	208.31
CFST-1.5-10(0.3H)-CF60	448	10.6	530	26.1	451	35.0	3.30	155.90
CFST-1.5-10(0.6H)-CF60	452	10.7	545	29.0	463	36.8	3.44	186.76
CFST-1.5-10(H)-CF60(0.1)	409	10.8	490	30.7	417	40.2	3.72	191.34
CFST-1.5-10(H)-CF60(单)	502	11.3	600	31.1	510	40.3	3.57	—

(1)同一剪跨比系列,且边框型式一致,随着钢纤维体积率的增大,剪力墙试件在屈服、峰值、极限点处的荷载和位移值总体上均呈增大趋势。例如,低矮剪力墙系列,与未掺加钢纤维的钢筋混凝土剪力墙试件 RC-1.0-00-C60 相比,钢纤维体积率为 1.0%的钢筋钢纤维混凝土剪力墙试件 RC-1.0-10(H)-CF60 的屈服荷载和屈服位移分别提高了 11.06%和 19.40%,与钢管混凝土柱高强混凝土剪力墙试件 CFST-1.0-00-C60 相比,钢管混凝土柱钢纤维高强混凝土剪力墙试件 CFST-1.0-05(H)-CF60、CFST-1.0-10(H)-CF60 和 CFST-1.0-15(H)-CF60 的屈服荷载分别提高了 5.35%、13.66%和 19.44%,屈服位移分别提高了 12.16%、18.92%和 28.38%;中高剪力墙系列,与钢管混凝土柱高强混凝土剪力墙试件 CFST-1.5-00-C60 相比,钢管混凝土柱钢纤维高强混凝土剪力墙试件 CFST-1.5-05(H)-CF60、CFST-1.5-10(H)-CF60 和 CFST-1.5-15(H)-CF60 的屈服荷载分别提高了 8.27%、12.90%和 18.73%,屈服位移分别提高了 1.94%、5.83%和 4.85%。

(2)同一剪跨比系列,随着混凝土强度的提高,剪力墙试件在屈服、峰值、极限点处的荷载值均有所提高。例如,低矮剪力墙系列,与试件 CFST-1.0-10(H)-CF40 相比,试件 CFST-1.0-10(H)-CF60 和 CFST-1.0-10(H)-CF80 的屈服荷载分别提高了 25.70%和 37.38%;中高剪力墙系列,与试件 CFST-1.5-10(H)-CF40 相比,试件 CFST-1.5-10(H)-CF60 和 CFST-1.5-10(H)-CF80 的屈服荷载分别提高了 20.21% 和 40.41%。

(3)同一剪跨比系列,随着轴压比的增大,从 0.1 到 0.2,剪力墙试件的屈服荷载和峰值荷载有所提高,但峰值位移和极限位移相对减小。例如,低矮剪力墙系列,与试件 CFST-1.0-10(H)-CF60(0.1)相比,试件 CFST-1.0-10(H)-CF60 的屈服荷载和峰值荷载分别提高了 10.40%和 12.08%,但峰值位移和极限位移分别降低了 9.46%和 8.56%;中高剪力墙系列,与试件 CFST-1.5-10(H)-CF60(0.1)相比,试件 CFST-1.5-10(H)-CF60 的屈服荷载和峰值荷载分别提高了 13.45%和 13.47%,但峰值位移和极限位移分别降低了 6.84%和 3.98%。

(4)同一剪跨比系列,与钢筋混凝土剪力墙试件相比,钢管混凝土柱剪力墙试件在屈服、峰值和极限点处的荷载和位移值均有提高。例如,低矮剪力墙系列,与试件 RC-1.0-00-C60 相比,试件 CFST-1.0-00-C60 的屈服荷载和屈服位移分别提高了 57.08%和 10.45%;中高剪力墙系列,与试件 RC-1.5-00-C60 相比,试件 CFST-1.5-00-C60 的屈服荷载和屈服位移分别提高了 31.73%和 8.42%。

(5)同一剪跨比系列,与循环加载的剪力墙试件相比,单调加载的剪力墙试件,其屈服、峰值和极限点处的荷载和位移值相对较高。例如,低矮剪力墙系列,与试件 CFST-1.0-10(H)-CF60 相比,试件 CFST-1.0-10(H)-CF60(单)的屈服荷载和屈服位移分别提高了 8.80%和 6.82%;中高剪力墙系列,与试件 CFST-1.5-10(H)-CF60 相比,试件 CFST-1.5-10(H)-CF60(单)的屈服荷载和屈服位移分别提高了 8.19%和 3.67%。

(6)1.0 剪跨比系列,与试件 CFST-1.0-10(H)-CF60 相比,试件 CFST-1.0-10(H)-CF60(5D)在屈服、峰值、极限点处的荷载和位移值相对较高,例如,其峰值位移提高了 9.45%。

(7)1.5 剪跨比系列,随着钢纤维掺加高度的增大,剪力墙试件在屈服、峰值和极限点处的荷载和位移值总体上呈增大趋势,但当钢纤维掺加高度超过试件高度的 60%时,再增大钢纤维掺加高度,试件在屈服、峰值和极限点处的荷载和位移值提高幅度较小。例如,与试件 CFST-1.5-00-C60 相比,试件 CFST-1.5-10(0.3H)-CF60、CFST-1.5-10(0.6H)-CF60 和 CFST-1.5-10(H)-CF60 的峰值荷载分别提高了 8.83%、11.91%和 14.17%,峰值位移分别提高了 17.04%、30.04%和 28.25%。

(8)在其他试验参数一致的情况下,随着剪跨比的增大,从 1.0 到 1.5,剪力墙试件在屈服、峰值和极限点处的荷载值降低,但位移值提高。例如,与试件 CFST-1.0-10(H)-CF60 相比,试件 CFST-1.5-10(H)-CF60 的屈服荷载、峰值荷载和极限荷载分别下降了 42.50%、44.01%和 43.96%,但屈服位移、峰值位移和极限位移分别提高了 23.86%、42.29%和 64.26%。

3.3.3 延性

延性代表结构或构件承载力未明显下降时的变形能力[213]。通常采用位移延性系数 μ 反映循环荷载下剪力墙试件的延性,其计算式为:

$$\mu = \Delta_u / \Delta_y \tag{3-1}$$

根据剪力墙试件的试验结果,由式(3-1)计算得到的剪力墙试件的 μ 值见表 3-1。不同试验参数剪力墙试件 μ 值的对比见图 3-27。从图 3-27 中可以看出:

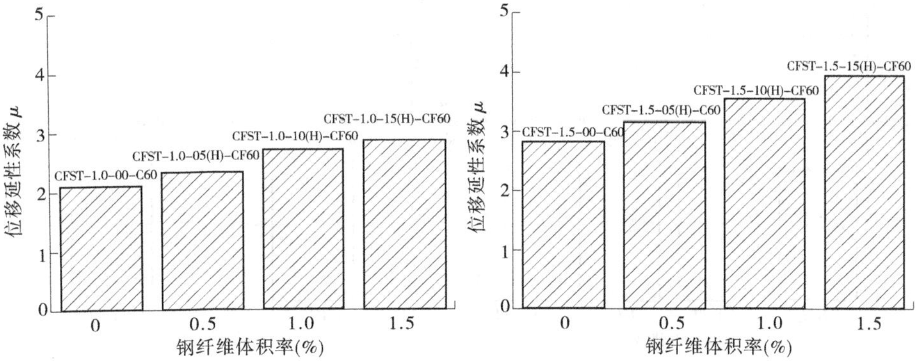

(a)钢纤维体积率

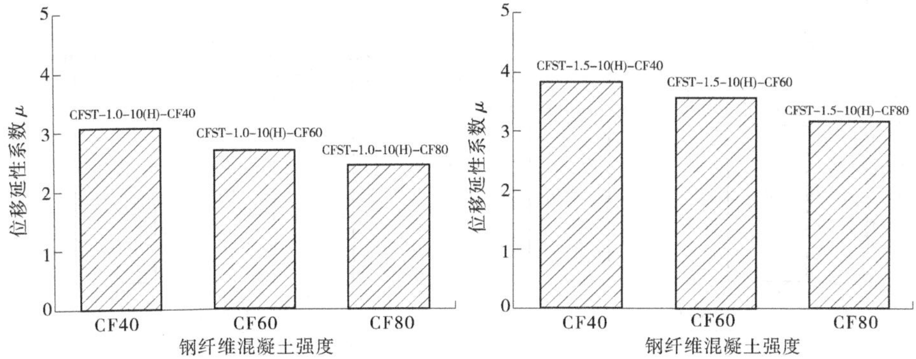

(b)钢纤维混凝土强度

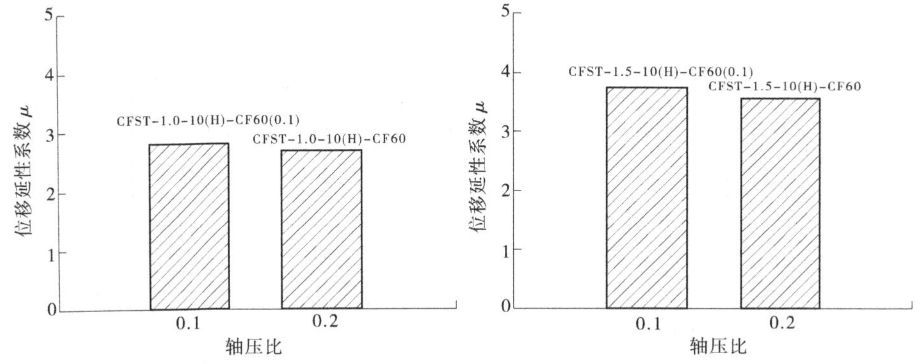

(c)轴压比

图 3-27　不同参数对比系列剪力墙试件的位移延性系数

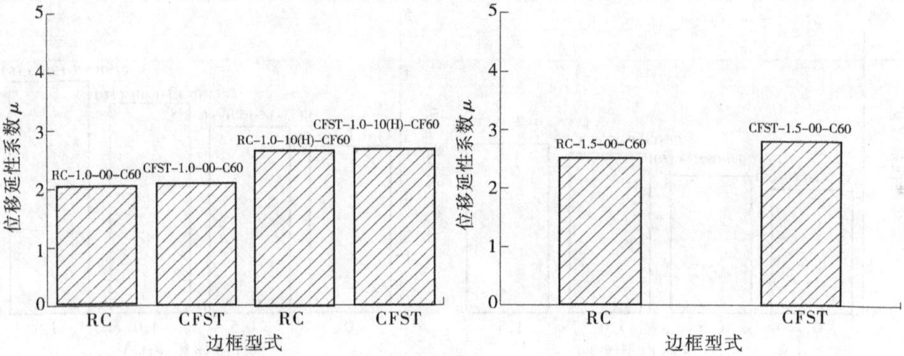

(d)边框型式

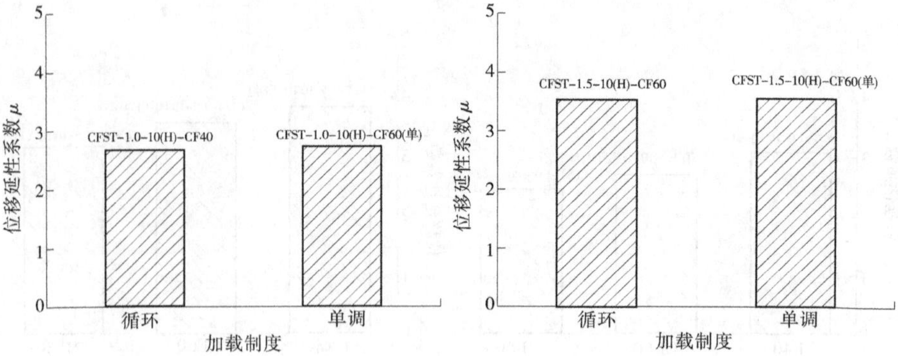

(e)加载制度

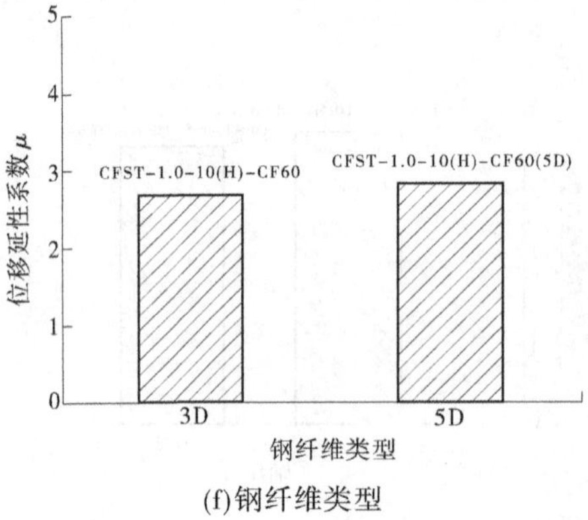

(f)钢纤维类型

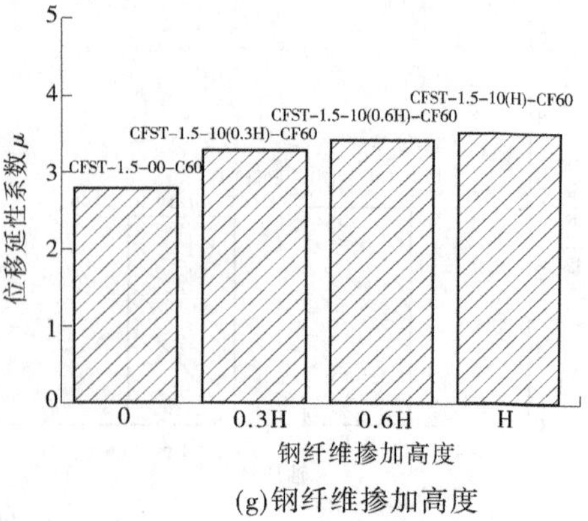

(g)钢纤维掺加高度

续图 3-27

(1)同一剪跨比系列,且边框型式一致,随着钢纤维体积率的增大,剪力墙试件的位移延性系数逐渐提高。例如,低矮剪力墙系列,与未掺加钢纤维的钢筋混凝土剪力墙试件 RC-1.0-00-C60 相比,钢纤维体积率为 1.0%的钢筋钢纤维混凝土剪力墙试件 RC-1.0-10(H)-CF60 的位移延性系数提高了 28.92%,与钢管混凝土柱高强混凝土剪力墙试件 CFST-1.0-00-C60 相比,钢管混凝土柱钢纤维高强混凝土剪力墙试件 CFST-1.0-05(H)-CF60、CFST-1.0-10(H)-CF60 和 CFST-1.0-15(H)-CF60 的位移延性系数分别提高了 11.96%、27.75%和 36.84%;中高剪力墙系列,与钢管混凝土柱高强混凝土剪力墙试件 CFST-1.5-00-C60 相比,钢管混凝土柱钢纤维高强混凝土剪力墙试件 CFST-1.5-05(H)-CF60、CFST-1.5-10(H)-CF60 和 CFST-1.5-15(H)-CF60 的位移延性系数分别提高了 12.86%、26.43%和 40%。

(2)同一剪跨比系列,随着混凝土强度的提高,剪力墙试件的位移延性系数不断减小。例如,低矮剪力墙系列,与试件 CFST-1.0-10(H)-CF40 相比,试件 CFST-1.0-10(H)-CF60 和 CFST-1.0-10(H)-CF80 的位移延性系数分别降低了 12.75%和 20.59%;中高剪力墙系列,与试件 CFST-1.5-10(H)-CF40 相比,试件 CFST-1.5-10(H)-CF60 和 CFST-1.5-10(H)-CF80 的位移延性系数分别降低了 7.33%和 17.80%。

(3)同一剪跨比系列,随着轴压比的增大,从 0.1 到 0.2,剪力墙试件的极限位移减小,位移延性系数有所降低。例如,低矮剪力墙系列,与试件 CFST-1.0-10(H)-CF60(0.1)相比,试件 CFST-1.0-10(H)-CF60 的位移延性系数降低了 4.30%;中高剪力墙系列,与试件 CFST-1.5-10(H)-CF60(0.1)相比,试件 CFST-1.5-10(H)-CF60 的位移延性系数降低了 4.84%。

(4)边框型式对低矮剪力墙试件位移延性系数的影响很小,这是因为边框型式的不同并未改变低矮剪力墙最终的剪切破坏模式;但边框型式对中高剪力墙试件位移延性系数的影响较为明显,例如,与试件 RC-1.5-00-C60 相比,试件 CFST-1.5-00-C60 的位移延性系数提高了 11.11%。

(5)同一剪跨比系列,加载制度对位移延性系数的影响不太明显。

(6)1.0 剪跨比系列,与试件 CFST-1.0-10(H)-CF60 相比,试件 CFST-1.0-10(H)-CF60(5D)的位移延性系数提高了 5.62%。

(7)1.5 剪跨比系列,随着钢纤维掺加高度的增大,剪力墙试件的位移延性系数逐步提高,但当钢纤维掺加高度超过试件高度的 60%时,再增大钢纤维掺加高度,剪力墙试件的位移延性系数提高幅度较小。例如,与试件 CFST-1.5-00-C60 相比,试件 CFST-1.5-10(0.3H)-CF60、CFST-1.5-10(0.6H)-

CF60 和 CFST-1.5-10(H)-CF60 的位移延性系数分别提高了 17.86%、22.86%和 26.43%。

(8)在其他试验参数一致的情况下，随着剪跨比的增大，从 1.0 到 1.5，剪力墙试件的位移延性系数变大。例如，与试件 CFST-1.0-10(H)-CF60 相比，试件 CFST-1.5-10(H)-CF60 的位移延性系数提高了 32.58%。

3.3.4　耗能能力

滞回曲线中滞回环的面积是评价结构耗能能力的一项重要指标[213]。表 3-1 给出了各个剪力墙试件的累积滞回耗能 E 值，作为评价剪力墙试件耗能能力的指标。图 3-28 给出了不同试验参数对剪力墙试件 E 值的影响，可以看出：

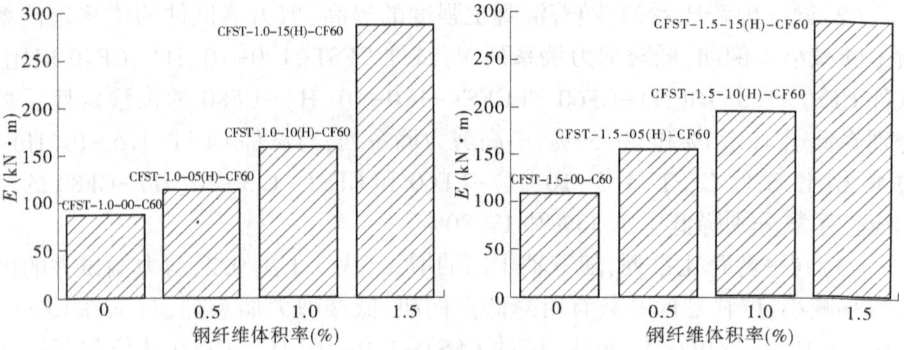

(a)钢纤维体积率

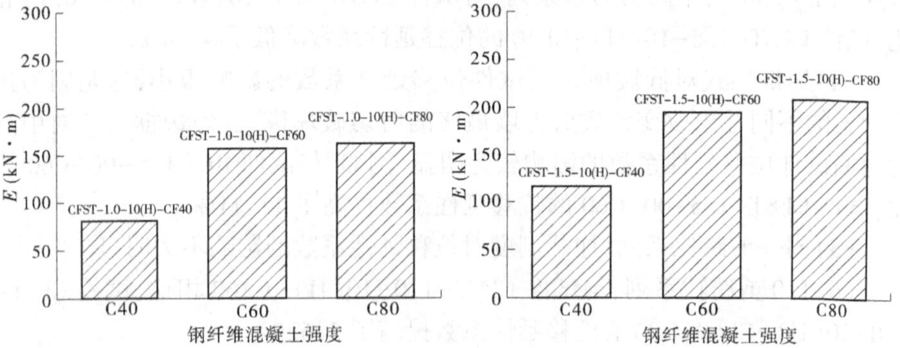

(b)钢纤维混凝土强度

图 3-28　不同参数对比系列剪力墙试件的累积滞回耗能

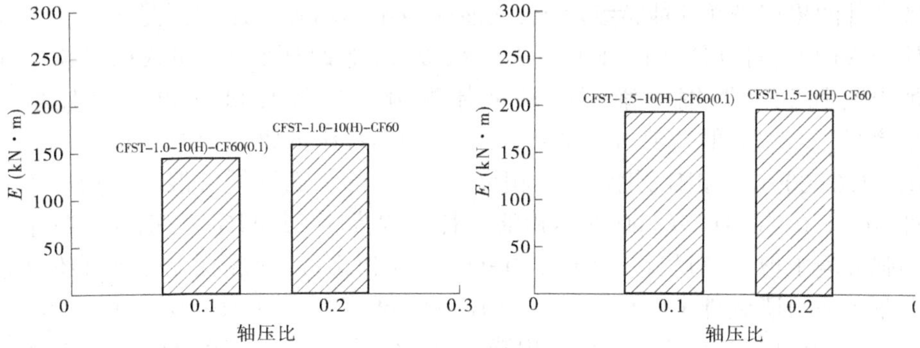

(c)轴压比

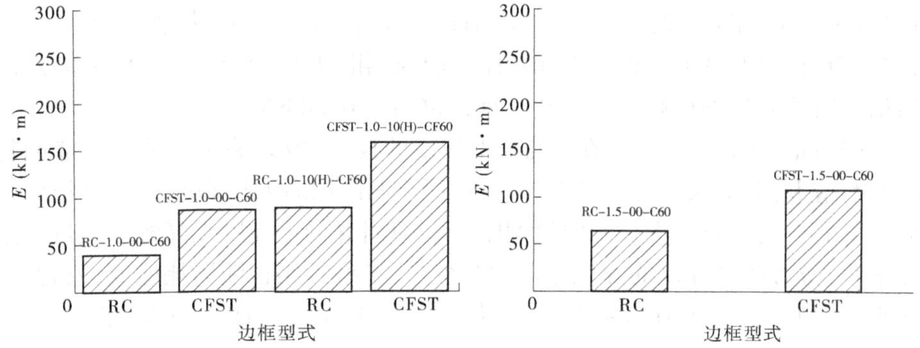

(d)边框型式

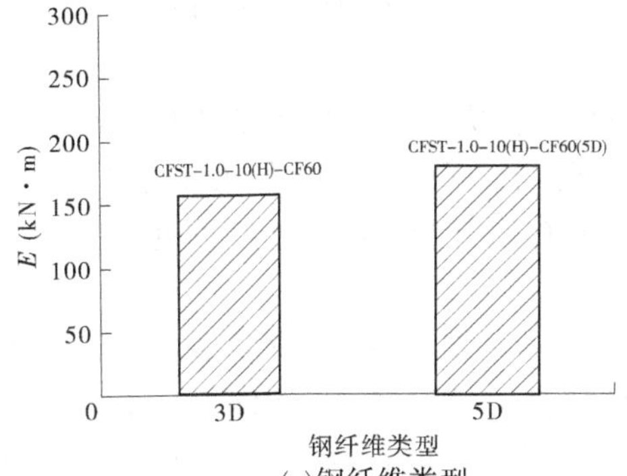

(e)钢纤维类型

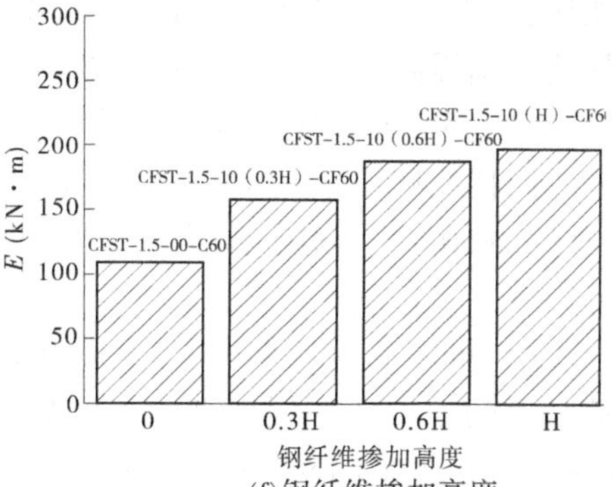

(f)钢纤维掺加高度

续图 3-28

(1)同一剪跨比系列,且边框型式一致,随着钢纤维体积率的提高,剪力墙试件的累积滞回耗能持续增大,耗能能力不断增强。这主要是由于钢纤维体积率增大,同级位移循环下最大荷载提高,滞回环变大,加载循环次数增加[168];加载后期钢纤维不断从墙体混凝土中拔出破坏也一直耗散能量[214-215]。例如,低矮剪力墙系列,与未掺加钢纤维的钢筋混凝土剪力墙试件RC-1.0-00-C60相比,钢纤维体积率为1.0%的钢筋钢纤维混凝土剪力墙试件RC-1.0-10(H)-CF60的累积滞回耗能提高了25.42%,与钢管混凝土柱高强混凝土剪力墙试件CFST-1.0-00-C60相比,钢管混凝土柱钢纤维高强混凝土剪力墙试件CFST-1.0-05(H)-CF60、CFST-1.0-10(H)-CF60和CFST-1.0-15(H)-CF60的累积滞回耗能分别提高了29.92%、81.70%和229.57%;中高剪力墙系列,与钢管混凝土柱高强混凝土剪力墙试件CFST-1.5-00-C60相比,钢管混凝土柱钢纤维高强混凝土剪力墙试件CFST-1.5-05(H)-CF60、CFST-1.5-10(H)-CF60和CFST-1.5-15(H)-CF60的累积滞回耗能分别提高了43.40%、80.38%和167.83%。

(2)同一剪跨比系列,随着混凝土强度的提高,剪力墙试件的累积滞回耗能不断增大,但增长幅度逐渐变小。这主要是由于混凝土强度提高,同级位移循环下的最大荷载增大,滞回环面积变大,但当混凝土强度提高幅度超过一定程度时,剪力墙试件总的加载循环次数变小,导致其累积滞回耗能值提高幅度变小。例如,低矮剪力墙系列,与试件CFST-1.0-10(H)-CF40相比,试件CFST-1.0-10(H)-CF60和CFST-1.0-10(H)-CF80的累积滞回耗能分别提高了92.56%和98.29%;中高剪力墙系列,与试件CFST-1.5-10(H)-CF40相比,试件CFST-1.5-10(H)-CF60和CFST-1.5-10(H)-CF80的累积滞回耗能分别提高了65.83%和77.22%。

(3)同一剪跨比系列,随着轴压比的增大,从0.1到0.2,剪力墙试件的累积滞回耗能有增大的趋势。例如,低矮剪力墙系列,与试件CFST-1.0-10(H)-CF60(0.1)相比,试件CFST-1.0-10(H)-CF60的累积滞回耗能提高了9.58%。

(4)同一剪跨比系列,与钢筋混凝土剪力墙试件相比,钢管混凝土柱剪力墙试件的累积滞回耗能变大。例如,低矮剪力墙系列,与试件RC-1.0-00-C60相比,试件CFST-1.0-00-C60的累积滞回耗能提高了119.39%,与试件RC-1.0-10(H)-CF60相比,试件CFST-1.0-10(H)-CF60的累积滞回耗能提高了76.84%;中高剪力墙系列,与试件RC-1.5-00-C60相比,试件CFST-1.5-00-C60的累积滞回耗能提高了66.02%。

(5) 1.0 剪跨比系列，与试件 CFST-1.0-10(H)-CF60 相比，试件 CFST-1.0-10(H)-CF60(5D) 的累积滞回耗能提高了 13.84%，相对较大。

(6) 1.5 剪跨比系列，随着钢纤维掺加高度的增大，剪力墙试件的累积滞回耗能不断提高，但当钢纤维掺加高度超过试件高度的 60% 时，再增大钢纤维掺加高度，试件的累积滞回耗能提高幅度较小。例如，与试件 CFST-1.5-00-C60 相比，试件 CFST-1.5-10(0.3H)-CF60、CFST-1.5-10(0.6H)-CF60 和 CFST-1.5-10(H)-CF60 的累积滞回耗能分别提高了 44.27%、72.83% 和 80.38%。

(7) 在其他试验参数一致的情况下，随着剪跨比的增大，从 1.0 到 1.5，剪力墙试件的累积滞回耗能变大。例如，与试件 CFST-1.0-10(H)-CF60 相比，试件 CFST-1.5-10(H)-CF60 的累积滞回耗能提高了 23.45%。

3.3.5　强度退化

位移幅值不变而构件承载力随加载次数的增加而降低的特性为强度退化[216]。通常采用同级强度退化系数 λ_i 来评价构件的强度退化，其计算式为[216]：

$$\lambda_i = P_{i,j}/P_{1,j} \tag{3-2}$$

式中，$P_{i,j}$ 为第 j 倍位移幅值时第 i 次循环的峰值荷载；$P_{1,j}$ 为第 j 倍位移幅值时第 1 次循环的峰值荷载。

表 3-2 给出了剪力墙试件在典型加载阶段的 λ_i 值。由表 3-2 可以看出，随着位移幅值的增大，λ_i 值总体呈减小趋势；同一位移幅值下，第三次循环的 λ_i 普遍低于第二次循环的 λ_i。

图 3-29 给出了不同试验参数对剪力墙试件同级强度退化曲线的影响。从图 3-29 中可以看出：

(1) 剪力墙试件在达到峰值荷载前同级强度退化并不明显，在峰值点后同级强度退化明显加快，曲线变陡。

(2) 同一剪跨比系列，且边框型式一致，随着钢纤维体积率的提高，剪力墙试件同级强度退化曲线在峰值荷载后有变缓的趋势。

(3) 同一剪跨比系列，随着混凝土强度的提高，剪力墙试件同级强度退化曲线在峰值荷载后总体上趋于陡峭。

(4) 同一剪跨比系列，随着轴压比的增大，从 0.1 到 0.2，剪力墙试件同级强度退化曲线有变陡趋势。

(5)同一剪跨比系列,与钢筋混凝土剪力墙试件相比,钢管混凝土柱剪力墙试件在峰值荷载后的同级强度退化曲线总体上相对平缓。

(6)1.0剪跨比系列,与试件CFST-1.0-10(H)-CF60相比,试件CFST-1.0-10(H)-CF60(5D)的同级强度退化曲线在峰值荷载后趋于平缓。

(7)1.5剪跨比系列,随着钢纤维掺加高度的增大,剪力墙试件同级强度退化曲线在峰值荷载后有变缓的趋势,但当钢纤维掺加高度超过试件高度的60%时,再增大钢纤维掺加高度,对试件的同级强度退化曲线变缓趋势影响较小。

(8)在其他试验参数一致的情况下,随着剪跨比的增大,从1.0到1.5,剪力墙试件同级强度退化曲线在峰值荷载后总体呈变缓趋势。

表3-2 剪力墙试件典型加载阶段的同级强度退化系数

试件编号	加载循环	$P_y<P<P_m$		$P_m \leq P<P_u$	
		λ_i	φ/φ_{ym}	λ_i	φ/φ_{ym}
RC-1.0-00-C60	第二循环	0.99~0.98	8~10	0.98~0.88	10~12
	第三循环	0.97~0.96		0.94~0.77	
RC-1.0-10(H)-CF60	第二循环	1.00~0.99	9~14	0.98~0.95	14~16
	第三循环	0.99~0.97		0.94~0.87	
CFST-1.0-00-C60	第二循环	0.97~0.94	8~11	0.93~0.92	11~13
	第三循环	0.95~0.87		0.87~0.82	
CFST-1.0-05(H)-CF60	第二循环	0.97~0.96	9~13	0.93~0.92	13~15
	第三循环	0.96~0.91		0.88~0.84	
CFST-1.0-10(H)-CF60	第二循环	0.99~0.96	10~15	0.94~0.92	15~17
	第三循环	0.97~0.91		0.90~0.84	
CFST-1.0-15(H)-CF60	第二循环	1.00~0.96	10~16	0.95~0.92	16~19
	第三循环	0.99~0.92		0.92~0.85	
CFST-1.0-10(H)-CF40	第二循环	0.99~0.98	7~10	0.97~0.94	10~14
	第三循环	0.99~0.95		0.95~0.88	
CFST-1.0-10(H)-CF80	第二循环	0.96~0.94	9~14	0.91~0.90	14~16
	第三循环	0.94~0.89		0.85~0.82	

续表 3-2

试件编号	加载循环	$P_y<P<P_m$		$P_m\leqslant P<P_u$	
		λ_i	φ/φ_{ym}	λ_i	φ/φ_{ym}
CFST-1.0-10(H)-CF60(0.1)	第二循环	1.00~0.97	10~16	0.97~0.95	16~18
	第三循环	0.99~0.95		0.94~0.89	
CFST-1.0-10(H)-CF60(5D)	第二循环	1.00~0.98	10~16	0.97~0.97	16~18
	第三循环	0.99~0.95		0.95~0.92	
RC-1.5-00-C60	第二循环	0.99~0.99	6~8	0.97~0.94	8~10
	第三循环	0.96~0.96		0.91~0.85	
CFST-1.5-00-C60	第二循环	0.99~0.97	6~10	0.97~0.91	10~12
	第三循环	0.96~0.93		0.92~0.79	
CFST-1.5-05(H)-CF60	第二循环	0.99~0.98	6~11	0.97~0.95	11~13
	第三循环	0.97~0.95		0.92~0.87	
CFST-1.5-10(H)-CF60	第二循环	0.99~0.97	6~11	0.96~0.94	11~14
	第三循环	0.97~0.93		0.91~0.87	
CFST-1.5-15(H)-CF60	第二循环	0.99~0.98	6~12	0.98~0.96	12~15
	第三循环	0.96~0.94		0.92~0.90	
CFST-1.5-10(H)-CF40	第二循环	1.00~0.98	5~10	0.98~0.97	10~12
	第三循环	0.98~0.95		0.94~0.92	
CFST-1.5-10(H)-CF80	第二循环	0.99~0.98	6~10	0.98~0.96	10~13
	第三循环	0.97~0.96		0.96~0.90	
CFST-1.5-10(0.3H)-CF60	第二循环	0.99~0.98	6~10	0.97~0.93	10~13
	第三循环	0.97~0.95		0.94~0.85	
CFST-1.5-10(0.6H)-CF60	第二循环	0.99~0.98	6~11	0.97~0.94	11~14
	第三循环	0.97~0.95		0.93~0.85	
CFST-1.5-10(H)-CF60(0.1)	第二循环	1.00~0.99	5~11	0.98~0.97	11~14
	第三循环	0.98~0.97		0.95~0.92	

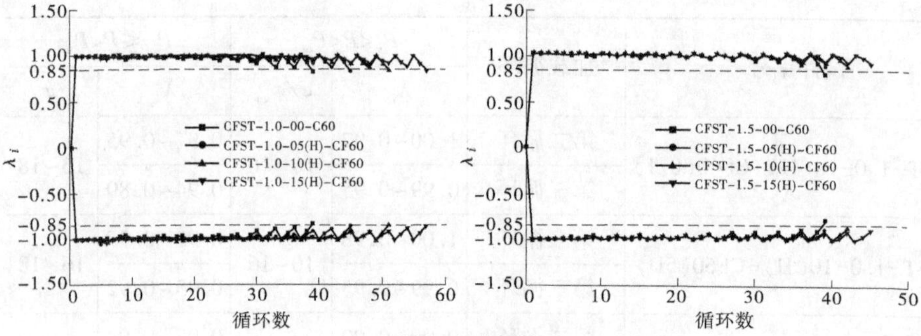

(a)钢纤维体积率

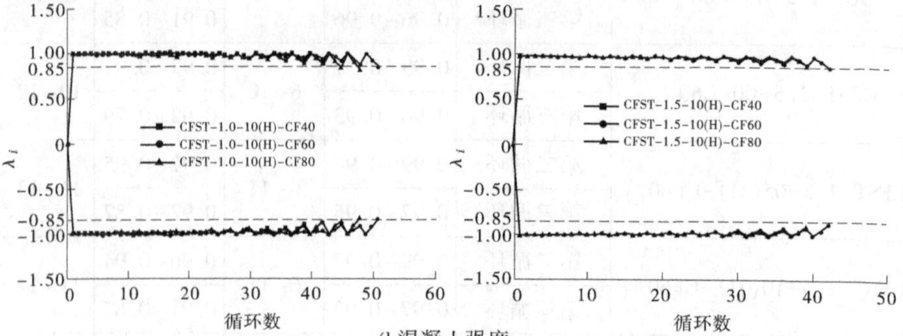

(b)混凝土强度

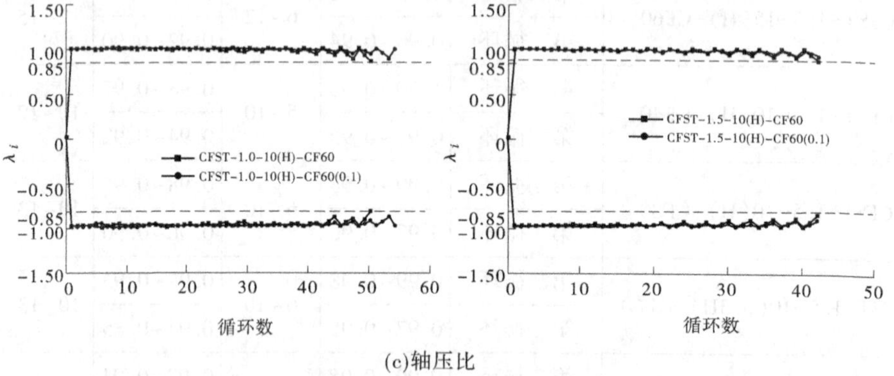

(c)轴压比

图 3-29　不同参数对比系列剪力墙试件的同级强度退化曲线

3.3.6　刚度退化

采用同级位移幅值下的环线刚度 K_j 表示刚度退化,其计算式为[217]:

$$K_j = \sum_{1}^{3} P_{i,j} / \sum_{1}^{3} \Delta_{i,j} \tag{3-3}$$

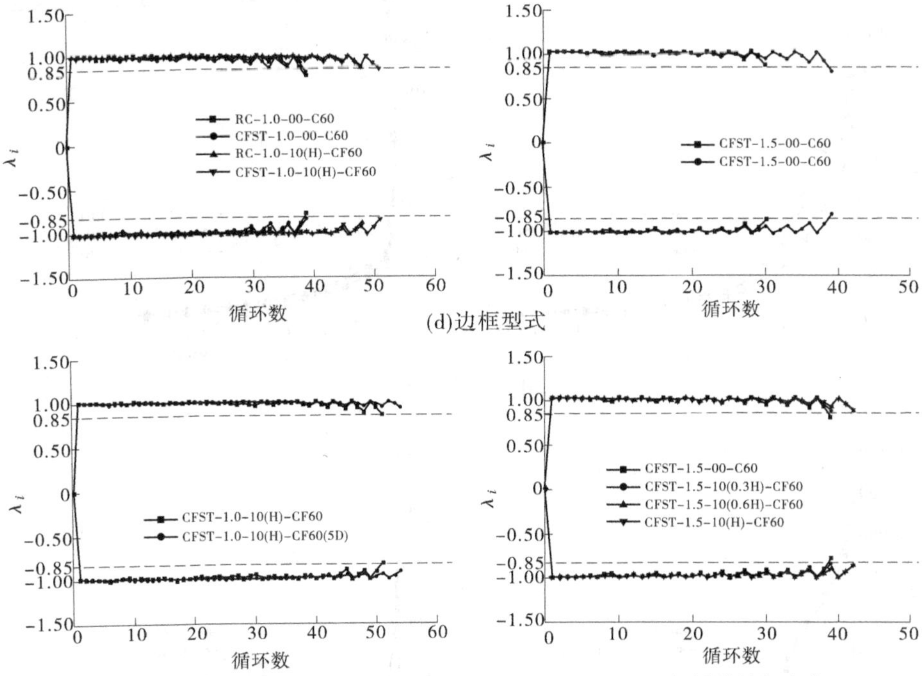

(d)边框型式

(e)钢纤维类型　　(f)钢纤维掺加高度

续图 3-29

式中，$\Delta_{i,j}$ 为第 j 倍位移幅值时第 i 次循环的峰值位移。

图 3-30 给出了不同试验参数对剪力墙试件刚度退化曲线的影响。从图 3-30 中可以看出：

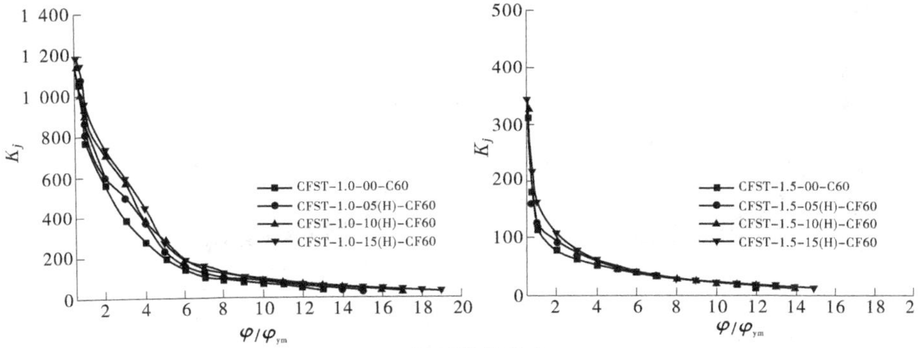

(a)钢纤维体积率

图 3-30　不同参数对比系列剪力墙试件的刚度退化曲线

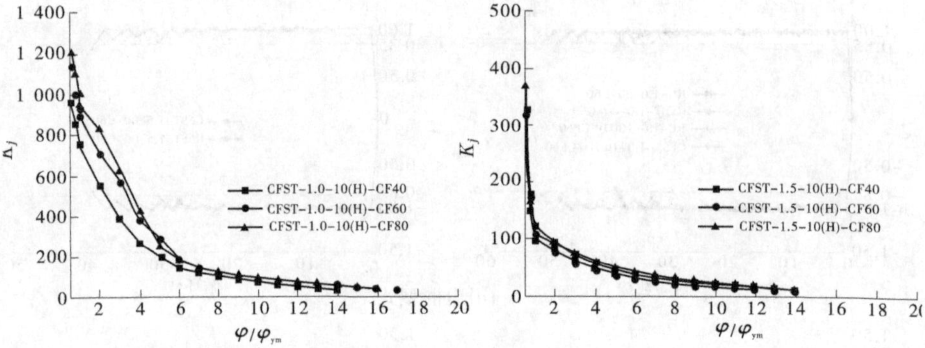

(b)混凝土强度

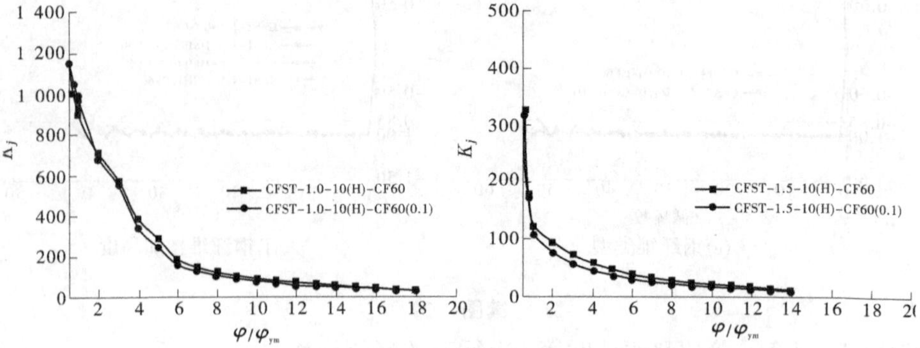

(c)轴压比

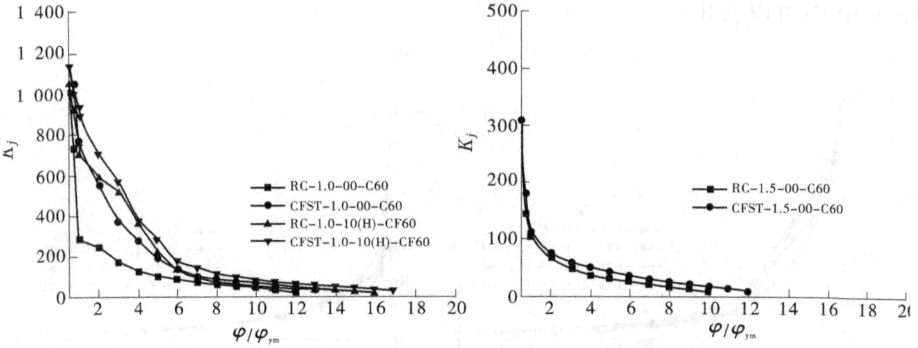

(d)边框型式

续图 3-30

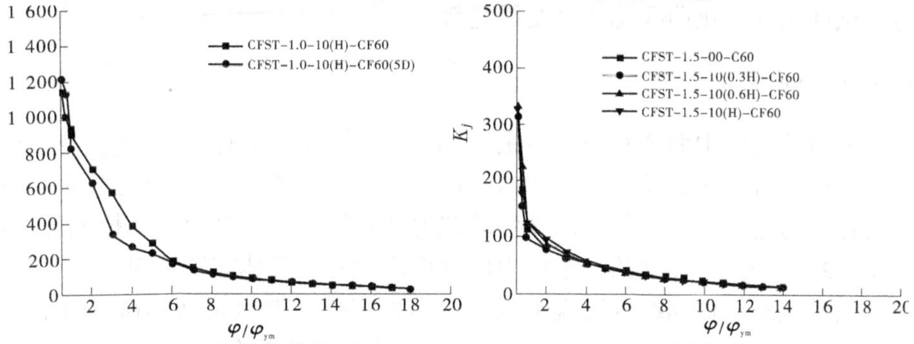

(e)钢纤维类型　　(f)钢纤维掺加高度

续图 3-30

(1)随着加载位移的增加,剪力墙试件的刚度不断退化。

(2)同一剪跨比系列,且边框型式一致,随着钢纤维体积率的提高,剪力墙试件的初始弹性刚度总体上呈增大趋势,刚度退化曲线逐渐变缓,表明钢纤维可以减缓剪力墙试件的刚度退化。

(3)同一剪跨比系列,随着混凝土强度的提高,剪力墙的初始弹性刚度不断增大,但刚度退化曲线总体上趋于陡峭。例如,低矮剪力墙系列,与试件 CFST-1.0-10(H)-CF40 相比,试件 CFST-1.0-10(H)-CF60 和 CFST-1.0-10(H)-CF80 的初始弹性刚度分别提高了 18.30%和 25.88%;中高剪力墙系列,与试件 CFST-1.5-10(H)-CF40 相比,试件 CFST-1.5-10(H)-CF60 和 CFST-1.5-10(H)-CF80 的初始弹性刚度分别提高了 22.38%和 39.94%。

(4)同一剪跨比系列,随着轴压比的增大,从 0.1 到 0.2,剪力墙试件在峰值荷载后的刚度退化曲线相对较陡。

(5)同一剪跨比系列,与钢筋混凝土剪力墙试件相比,钢管混凝土柱剪力墙试件的初始弹性刚度变大,刚度退化曲线变缓,表明钢管可以有效增大剪力墙试件的初始弹性刚度并减缓其刚度退化。

(6)1.0 剪跨比系列,试件 CFST-1.0-10(H)-CF60 与试件 CFST-1.0-10(H)-CF60(5D)的刚度退化趋势基本一致,表明钢纤维类型对试件刚度退化的影响较小。

(7)1.5 剪跨比系列,随着钢纤维掺加高度的增大,剪力墙试件刚度退化曲线总体上呈变缓的趋势,但当钢纤维掺加高度超过试件高度的 60%时,再增大钢纤维掺加高度,对试件的刚度退化曲线变缓趋势影响较小。

(8)在其他试验参数一致的情况下,随着剪跨比的增大,从 1.0 到 1.5,剪力墙试件刚度退化曲线总体呈变缓趋势。

3.3.7 应变

剪力墙试件中墙体水平分布钢筋、竖向分布钢筋及钢管的应变大小和发展变化规律可以充分反映剪力墙试件的受力状态和横截面的应变分布特点，同时还可为进一步建立剪力墙试件承载力计算模型和恢复力计算模型等提供依据。2.2.6 中，图 2-7 给出了剪力墙试件应变片的具体布置情况。

钢管混凝土柱钢纤维混凝土低矮剪力墙试件主要呈现剪切破坏，墙体中水平分布钢筋承担了较大剪力，尤其是墙体中部主斜裂缝交叉处的水平分布钢筋，应变发展最为充分，即图 2-7(b) 中 17 号应变片；钢管混凝土边框柱对中间墙体起到了较强的约束增强作用，其在加载过程中和中间墙体一起，也承担了部分剪力，同时还承担着较大的弯矩。从 3.2.1 节低矮剪力墙试件的破坏现象可以看出，钢管混凝土边框柱的鼓屈和破坏主要集中在柱脚处，即图 2-7(b) 中 22 号应变片处。图 3-31 给出了若干典型试验参数系列钢管混凝土柱钢纤维混凝土低矮剪力墙试件 17 号水平分布钢筋应变片和 22 号钢管应变片实测的荷载(P)—应变(ε)骨架线。

由图 3-31 可以看出，在低矮剪力墙试件加载初期，中间墙体混凝土尚未开裂，墙体水平分布钢筋 17 号应变片应变基本处于线弹性阶段，荷载(P)—应变(ε)骨架线近似呈直线状态，应变值较小且发展较为缓慢；在中间墙体开裂前，所有剪力墙试件 17 号应变片应变值均未达到屈服应变；而在中间墙体混凝土开裂后，墙体混凝土应力逐渐发生重分布，墙体水平分布钢筋在短时间内承担了较多由混凝土转移来的水平剪力，17 号应变片应变值增加较快，荷载(P)—应变(ε)骨架线逐渐出现一个较明显的拐点；随着加载位移幅值和循环次数的不断增加，墙体裂缝不断产生和发展，钢筋应变增加速度变快，特别是墙体主斜裂缝贯通以后，应变发展速度更快。从图 3-31 还可以看出，对于钢管混凝土柱钢纤维混凝土低矮剪力墙试件，随着钢纤维体积率、混凝土强度和轴压比的增大，17 号应变片应变值发展较缓，达到屈服状态推迟。原因分别在于，钢纤维的存在，一方面直接承担了部分剪力，提高了基体混凝土的强度；另一方面，可有效减缓墙体混凝土裂缝尖端应力集中程度，阻止和限制了裂缝的开裂和扩展；随着混凝土强度的提高，混凝土的抗剪作用增强，同时钢纤维的抗剪、抗拉作用在较高强度的混凝土中发挥更充分、更彻底；随着轴压力的增大，剪力墙试件的初始斜裂缝出现时间较迟，相应的其水平分布钢筋达到屈服状态的时间也进一步推迟。

由图 3-31 还可以看出，在峰值荷载前，低矮剪力墙试件边框柱钢管在反复弯矩和水平剪力作用下，22 号钢管应变片实测的荷载(P)—应变(ε)骨架线随反复荷载在正负向不断发展，表明柱脚处钢管应力在反复荷载作用下呈拉、压交替增长的特点；在剪力墙试件临近屈服荷载时，22 号应变片实测值达

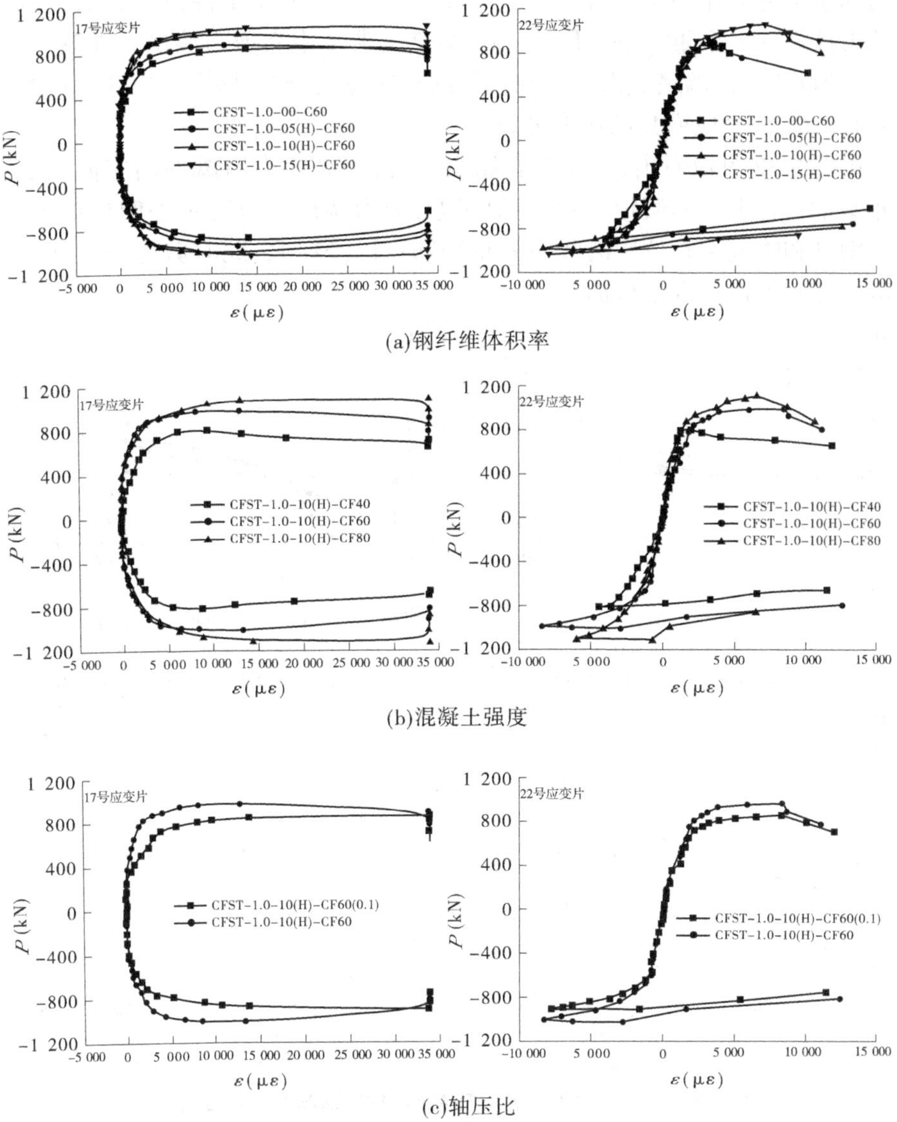

(a)钢纤维体积率

(b)混凝土强度

(c)轴压比

图 3-31　低矮剪力墙试件荷载(P)—应变(ε)骨架线

到了屈服值,表明柱脚处钢管已经屈服;在剪力墙试件达到峰值荷载以后,22号应变片实测值显示柱脚处钢管纵向应变在受拉一侧发展明显加快,柱脚处钢管出现较为明显的鼓屈现象。

钢管混凝土柱钢纤维混凝土中高剪力墙试件以弯曲破坏为主,在竖向轴压力和水平剪力作用下是否满足平截面假定,是剪力墙试件进行正截面受弯承载力计算的一个重要基本假定。图 3-32 为典型中高剪力墙试件在开裂、屈服和峰值状态时,墙底截面钢管和钢筋的竖向应变分布,即图 2-7(d) 中 23、1、2、3、4、5、6、27 号应变片的应变分布。

由图 3-32 可以看出,在开裂和屈服状态,中高剪力墙试件墙底截面应变分布基本符合平截面假定;而在峰值状态,剪力墙试件应变水平明显增大,受拉侧钢管和临近钢管位置的竖向分布钢筋也已经屈服,此时剪力墙试件全截面应变分布不再符合平截面假定。

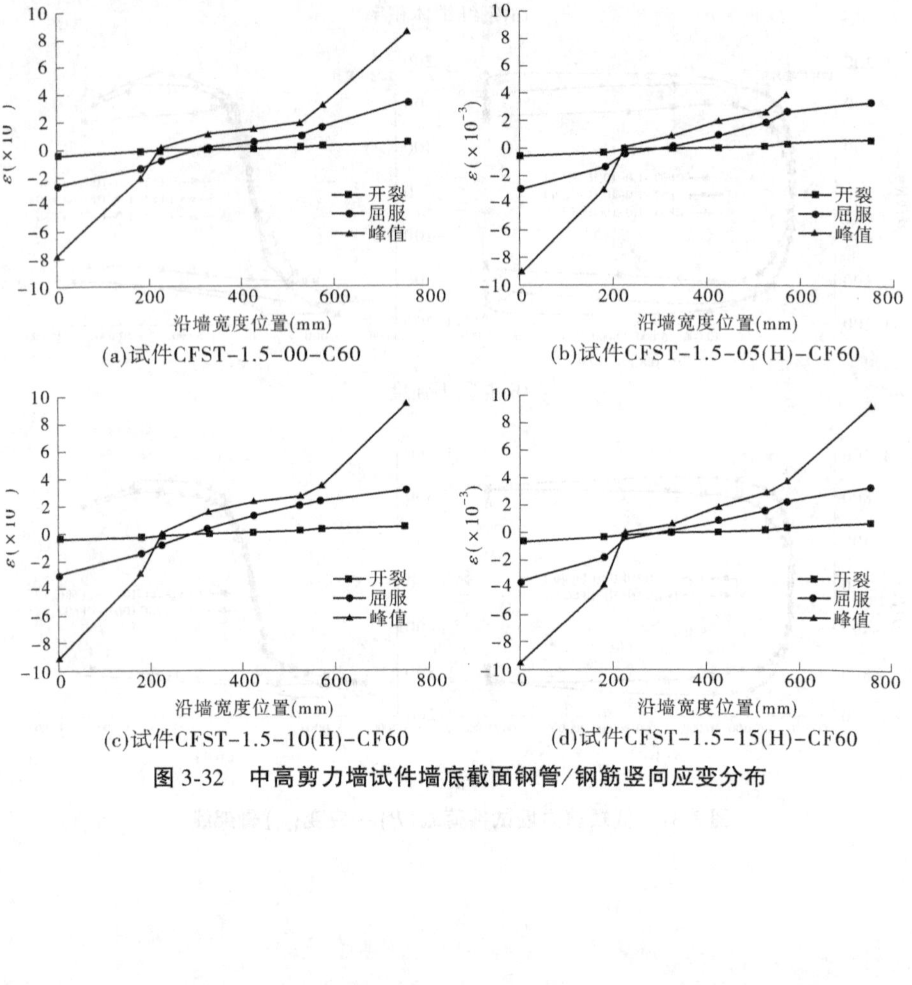

图 3-32　中高剪力墙试件墙底截面钢管/钢筋竖向应变分布

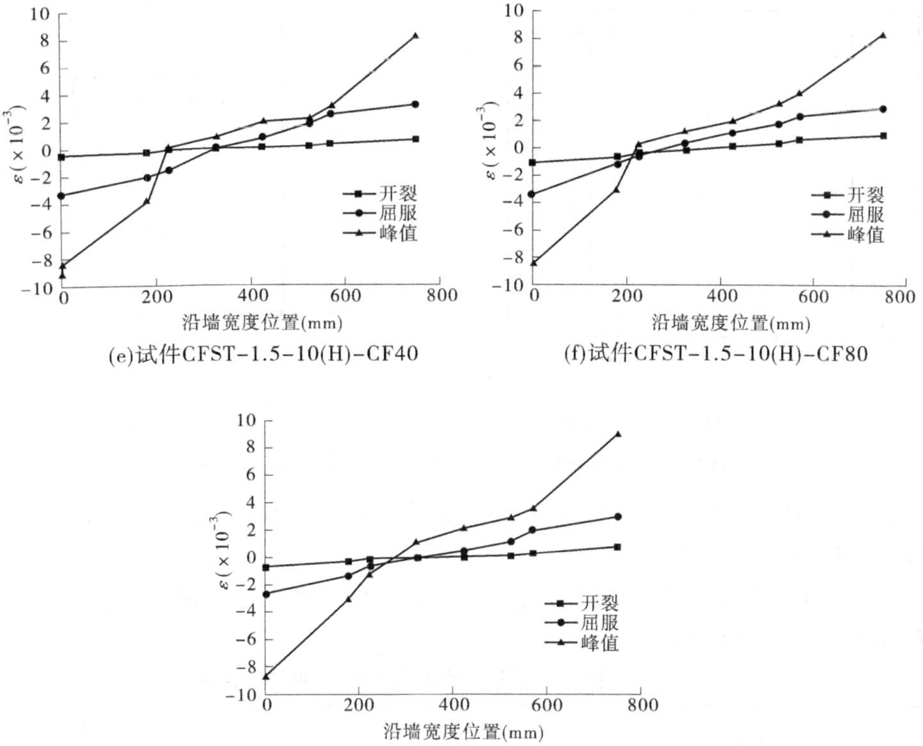

(e)试件CFST-1.5-10(H)-CF40
(f)试件CFST-1.5-10(H)-CF80
(g)试件CFST-1.5-10(H)-CF60(0.1)

续图 3-32

3.3.8　变形

剪力墙试件的变形包括剪切变形和弯曲变形两个部分，因此剪力墙试件加载点处的顶点位移也包括由剪切变形产生的顶点位移和由弯曲变形产生的顶点位移两个部分。本次试验设计的剪力墙试件，其剪跨比均小于 1.5，墙体的剪切变形较为明显，为了研究峰值荷载下剪切变形的大小，试验加载时通过设置的拉线式传感器量测墙体对角线的长度变化来计算剪力墙试件的剪切变形大小，如图 3-33 所示。

剪切变形产生的顶点位移大小可通过下式进行计算[2,96,212]：

$$\Delta_s = \frac{\Delta_{s1} + \Delta_{s2}}{2} = \frac{d}{2h}(\delta_2 - \delta_1) \tag{3-4}$$

式中，Δ_s 为剪切变形产生的顶点位移；Δ_{s1}、Δ_{s2} 分别为墙体两顶角处的水平位

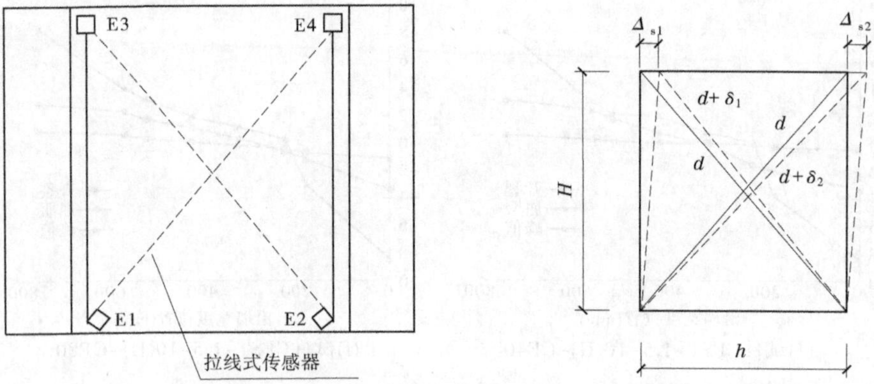

(a)拉线式传感器布置示意　(b)墙体剪切变形示意

图 3-33　墙体剪切变形产生的顶点位移计算示意图

移；d 为墙体对角线受力变形前的长度；h 为墙体截面高度；δ_1、δ_2 分别为墙体两个对角线方向受力后的变形大小。

表 3-3 给出了各剪力墙试件在峰值荷载时剪切变形产生的顶点位移大小及其占顶点总位移的比重。

表 3-3　剪力墙试件峰值荷载时剪切变形产生的顶点位移

试件编号	Δ_m (mm)	Δ_s (mm)	Δ_s/Δ_m (%)
RC-1.0-00-C60	11.1	8.83	79.55
RC-1.0-10(H)-CF60	18.6	12.86	69.14
CFST-1.0-00-C60	13.1	9.62	73.44
CFST-1.0-05(H)-CF60	15.7	11.28	71.85
CFST-1.0-10(H)-CF60	20.1	14.86	73.93
CFST-1.0-15(H)-CF60	21.9	14.94	68.22
CFST-1.0-10(H)-CF40	10.3	7.32	71.07
CFST-1.0-10(H)-CF80	17.9	13.48	75.31
CFST-1.0-10(H)-CF60(0.1)	22.2	15.32	69.01
CFST-1.0-10(H)-CF60(5D)	22.0	15.62	71.00
RC-1.5-00-C60	18.6	6.16	33.12

续表 3-3

试件编号	Δ_m (mm)	Δ_s (mm)	Δ_s/Δ_m (%)
CFST-1.5-00-C60	22.3	6.76	30.31
CFST-1.5-05(H)-CF60	26.6	7.61	28.61
CFST-1.5-10(H)-CF60	28.6	7.84	27.41
CFST-1.5-15(H)-CF60	32.2	8.47	26.30
CFST-1.5-10(H)-CF40	25.3	5.26	20.79
CFST-1.5-10(H)-CF80	25.8	7.77	30.12
CFST-1.5-10(0.3H)-CF60	26.1	7.05	27.01
CFST-1.5-10(0.6H)-CF60	29.0	7.83	27.00
CFST-1.5-10(H)-CF60(0.1)	30.7	6.42	20.91

由表 3-3 可以看出,在峰值荷载时,对于钢管混凝土柱钢纤维混凝土低矮剪力墙系列,剪切变形产生的顶点位移占顶点总位移的比重在 68.22%~75.31%;对于钢管混凝土柱钢纤维混凝土中高剪力墙系列,剪切变形产生的顶点位移占顶点总位移的比重在 20.79%~30.31%。

3.4　小　结

本章根据钢管混凝土柱钢纤维高强混凝土剪力墙循环加载的试验结果,研究了不同试验参数下剪力墙试件的裂缝发展和破坏特征、荷载—位移滞回曲线和承载力等特征,分析了剪力墙试件的延性、耗能、强度退化和刚度退化等。主要结论如下:

(1)钢管混凝土柱钢纤维高强混凝土低矮剪力墙的破坏模式为剪切破坏;剪力墙墙体的裂缝主要为典型的斜裂缝,钢纤维可有效限制墙体混凝土的裂缝宽度,改善裂缝形态。随着钢纤维体积率的增大,剪力墙墙体裂缝明显变细、变密,裂缝分布域显著增加,墙体混凝土压碎剥落的量明显减少。

(2)钢管混凝土柱钢纤维高强混凝土中高剪力墙以弯曲破坏为主,属于大偏心受压。剪力墙墙体的裂缝主要为典型的弯剪裂缝,钢纤维可有效限制墙体混凝土的裂缝宽度,改善裂缝形态,随着钢纤维体积率的增大,剪力墙墙体裂缝总体上呈现出细、密特征,墙体混凝土压碎剥落的量明显减少;随着钢纤维体积率的增大,墙体的抗剪能力不断提高,边框柱的受弯能力相对变弱,使钢管混凝土柱钢纤维高强混凝土中高剪力墙的破坏形态发生了改变,由弯剪破坏趋向甚至转变为弯曲破坏。

(3)钢管混凝土柱钢纤维高强混凝土剪力墙的滞回曲线存在"捏缩"现象,且低矮剪力墙滞回曲线的"捏缩"现象较中高剪力墙更加明显;但与钢筋混凝土剪力墙相比,钢管混凝土柱剪力墙的峰值荷载和峰值位移较大,滞回环较为饱满,总的循环加载次数较多。

(4)随着钢纤维体积率的增大,钢管混凝土柱钢纤维高强混凝土剪力墙的滞回曲线趋向饱满,总的加载循环次数增多,承载力、延性和耗能能力明显提高,强度和刚度退化变缓;随着混凝土强度和轴压比的提高,钢管混凝土柱钢纤维高强混凝土剪力墙的承载力和耗能能力有所提高,但延性降低,峰值荷载后强度和刚度退化加快;随着剪跨比的增大,钢管混凝土柱钢纤维高强混凝土剪力墙的承载力降低,但延性和耗能能力提高,强度和刚度退化总体呈变缓趋势。

(5)随着钢纤维掺加高度的增大,钢管混凝土柱钢纤维高强混凝土中高剪力墙的承载力、延性和耗能能力不断提高,强度和刚度退化变缓。但当钢纤维掺加高度超过剪力墙高度的60%时,再增大钢纤维掺加高度,对钢管混凝土柱钢纤维高强混凝土中高剪力墙承载力、延性和耗能能力的提高幅度较小,对其强度和刚度退化曲线变缓趋势的影响较小。因此,在钢管混凝土柱钢纤维高强混凝土中高剪力墙高度的60%范围内掺入钢纤维即可达到较好的增强效果。

第 4 章　钢管混凝土柱钢纤维高强混凝土剪力墙受剪承载力计算方法

4.1 引　言

迄今为止，国内外学者对钢管混凝土柱普通混凝土剪力墙[84,181]和钢筋钢纤维混凝土剪力墙[173,175]的抗震性能已经进行了一些研究，取得了一定的研究成果，但对剪力墙受剪承载力计算方法的研究相对较少，提出的受剪承载力计算公式多为基于试验结果的回归分析，钢管和钢纤维对受剪承载力的贡献不够明确，钢管混凝土柱钢纤维高强混凝土剪力墙受剪机制及承载力计算方法的研究鲜有报道。因此，本章以钢管混凝土柱钢纤维高强混凝土低矮剪力墙的低周反复加载试验结果为基础，研究该剪力墙的受力机制，分析边框型式、轴压比、钢纤维体积率、混凝土强度等对钢管混凝土柱钢纤维高强混凝土低矮剪力墙受剪承载力的影响，结合国内外相关试验数据，分别基于钢纤维分布、软化桁架模型、软化拉压杆模型和简化软化拉压杆模型等，提出钢管混凝土柱钢纤维高强混凝土剪力墙受剪承载力计算方法。

4.2　钢管混凝土柱钢纤维高强混凝土低矮剪力墙受剪机制

试验表明，钢管混凝土柱钢纤维高强混凝土低矮剪力墙试件均发生了剪切破坏，其破坏过程及特征见 3. 2 节。钢管混凝土柱钢纤维高强混凝土低矮剪力墙剪力传力过程可大致分为两个阶段：加载前期，作用于钢管混凝土柱剪力墙的弯矩均由边框柱承担，水平剪力由墙体承担，轴力则分别由边柱和墙体分担；当加载进入中后期，墙体开裂、刚度逐渐下降时，剪力向边框柱转移[181]。因此，钢管混凝土柱钢纤维高强混凝土低矮剪力墙受剪承载力由钢管混凝土柱与剪力墙墙体两部分组成。

墙体在压、弯和剪作用下形成沿对角线方向相交的斜向压力及拉力，见图 4-1。斜向压力由混凝土承担，形成斜压杆机构；斜向拉力主要由水平分布钢筋及钢纤维形成的水平拉杆和由竖向分布钢筋及钢纤维形成的竖向拉杆承担,形成了桁架结构[168]。因此,墙体的受力机制为斜压杆—桁架机构的综合作用。

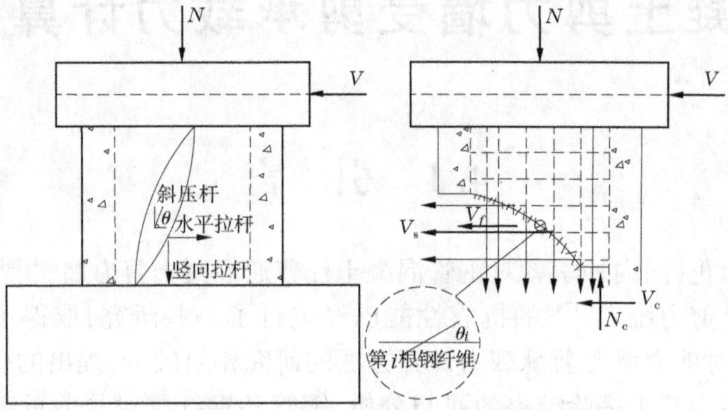

图 4-1 剪力墙墙体传力机制

4.3 钢管混凝土柱钢纤维高强混凝土低矮剪力墙受剪承载力影响因素

影响钢管混凝土柱钢纤维高强混凝土低矮剪力墙受剪承载力的因素较多,主要有钢管混凝土柱配钢率、墙体水平分布钢筋配筋率、钢纤维体积率、混凝土强度、轴压比和加载方式等。

为便于分析对比,用剪力墙受剪承载力 V_j/V_0 相对值对本书及文献[175]、[181]的试验结果进行无量纲处理,其中 V_j、V_0 分别为剪力墙及其基准对比试件的受剪承载力,重点讨论钢纤维体积率、混凝土强度和轴压比对剪力墙受剪承载力的影响,见图 4-2。

(1)钢纤维体积率。

图 4-2(a)为钢纤维体积率对剪力墙受剪承载力的影响。由图 4-2(a)可见,钢纤维体积率为 0.5%、1.0%、1.5%时,钢管混凝土柱钢纤维高强混凝土剪力墙的 V_j/V_0 值分别为 1.04、1.13、1.19;钢纤维体积率为 0.5%、1.0%、1.5%、2.0%时,钢筋钢纤维混凝土剪力墙的 V_j/V_0 值分别为 1.02、1.04、1.08、1.13。随着钢纤维体积率的增大,剪力墙的受剪承载力不断提高。体现了钢纤维良好的增强增韧作用,一方面钢纤维自身可承担剪力,另一方面提高了基体混凝土的强度,从而提高了剪力墙的受剪承载力。

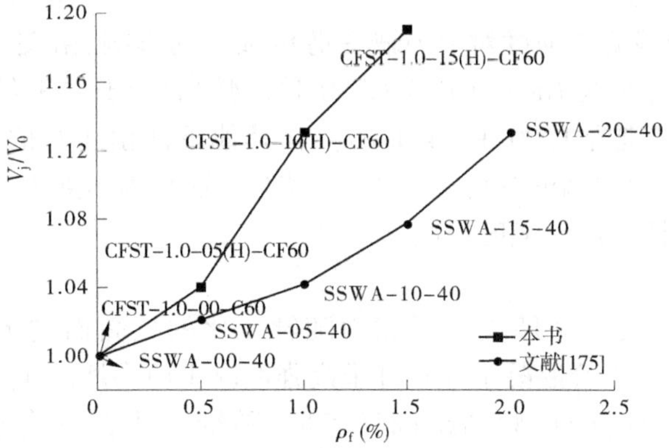

(a)钢纤维体积率

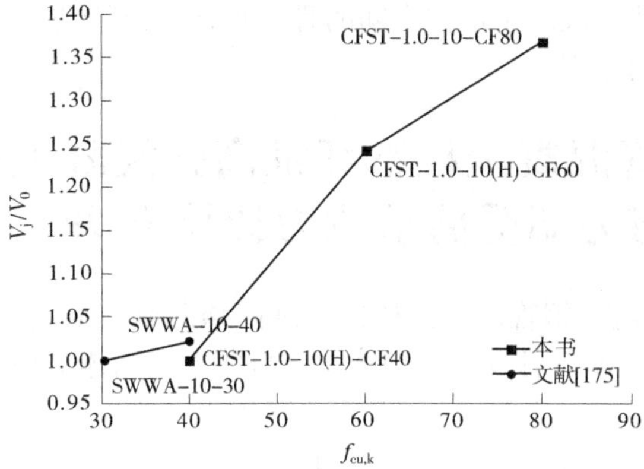

(b)混凝土强度

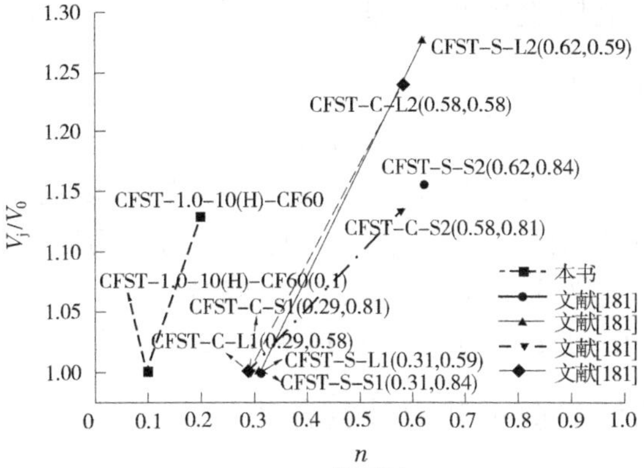

(c)轴压比

图 4-2　剪力墙受剪承载力影响因素

(2)混凝土强度。

图4-2(b)为混凝土强度对剪力墙受剪承载力的影响,由图4-2(b)可见,混凝土强度设计等级为CF40、CF60、CF80时,钢管混凝土柱钢纤维混凝土剪力墙的V_j/V_0值分别为1.00、1.24、1.37。在其他条件相同的情况下,随着混凝土强度的提高,剪力墙的受剪承载力随之增大,这是因为剪力墙的最终破坏均由混凝土斜压柱的抗压强度控制。

(3)轴压比。

图4-2(c)表明,剪力墙受剪承载力随轴压比的提高而增大。轴压比从0.1提高到0.2时,钢管混凝土柱钢纤维高强混凝土剪力墙的V_j/V_0值从1增至1.13。文献[181]的试验结果同样表明,随轴压比在一定范围内(n为0~0.6)的提高,剪力墙受剪承载力不断增大[见图4-2(c)]。这是因为较大的轴压力能够提高墙体混凝土块体之间的骨料咬合力,延缓裂缝出现和扩展,发挥墙体中斜压杆的作用。

4.4 钢管混凝土柱钢纤维高强混凝土低矮剪力墙受剪承载力计算方法

基于4.2节的分析,钢管混凝土柱钢纤维高强混凝土低矮剪力墙受剪承载力V_j可采用钢管混凝土柱受剪承载力V_{col}与剪力墙墙体受剪承载力V_w叠加的方法进行计算:

$$V_j = V_w + V_{col} \tag{4-1}$$

4.4.1 钢管混凝土柱受剪承载力计算方法

V_{col}可按下式进行计算[34]:

$$V_{col} = \alpha_v A_{sc} \tau_{scy} \tag{4-2}$$

式中,α_v为抗剪系数,$\alpha_v = 0.97 + 0.2\ln\xi$,$\xi$为约束效应系数,$\xi = \alpha_a f_{ya}/f_c$,$\alpha_a$为钢管混凝土柱截面含钢率,$\alpha_a = A_a/A_{co}$,$A_a$、$A_{co}$分别为截面钢管的面积和管内混凝土的面积,$f_{ya}$为钢管屈服强度;$A_{sc}$为截面总面积;$\tau_{scy}$为抗剪屈服强度,$\tau_{scy} = (0.422 + 0.313\alpha_a^{2.33})\xi^{0.134}(1.14 + 1.02\xi)f_c$[34]。

4.4.2 剪力墙墙体受剪承载力计算方法

4.4.2.1 基于现行规程的剪力墙墙体受剪承载力计算方法

根据现行《混凝土结构设计规范》(GB 50010)[201]及《纤维混凝土结构技

术规程》(CECS 38:2004)[218]的相关规定, V_w 可按下式进行计算:

$$V_w = V_c + V_s \tag{4-3}$$

式中, V_c 为钢纤维混凝土承担的剪力; V_s 为墙体水平分布钢筋承担的剪力。

V_c 可在普通混凝土受剪承载力的基础上,考虑钢纤维的增强作用进行计算[218]:

$$V_c = \frac{1}{\lambda - 0.5}\left(0.5f_t bh_0 + 0.13N'\frac{A_w}{A}\right)(1 + \beta_v\lambda_f) \tag{4-4}$$

式中,λ 为截面剪跨比,当 $\lambda<1.5$ 时,取 $\lambda = 1.5$,当 $\lambda>2.2$ 时,取 $\lambda = 2.2$;b 为墙体截面宽度;f_t 为基体混凝土抗拉强度;h_0 为墙体截面有效高度, $h_0 = h - a'_s$,h 为墙体截面高度,a'_s 为截面受压区端部钢筋合力点到受压区边缘的距离;N' 为墙体所受轴力;A 为剪力墙截面全面积;A_w 为工字形或 T 形截面中腹板的面积,对于矩形截面,$A_w = A$;β_v 为不同类型钢纤维受剪承载力影响系数[218];λ_f 为钢纤维含量特征值,$\lambda_f = \rho_f l_f / d_f$ 。

f_{ft} 与 f_t 的关系式为:

$$f_{ft} = f_t(1 + \beta_f\lambda_f) \tag{4-5}$$

式中,β_f 为钢纤维对混凝土抗拉强度的增强系数。

对于钢管混凝土柱钢纤维高强混凝土剪力墙及钢管混凝土柱普通混凝土剪力墙,中间墙体所承担的轴力 N'可按下式进行计算:

$$N' = \frac{0.85E_c bh}{0.85E_c bh + 2E_a A_a + 2E_{co} A_{co}}N \tag{4-6}$$

式中,N 为剪力墙试件承担的轴力;0.85 为中间墙体混凝土轴心抗压刚度折减系数[219];E_a 为钢管的弹性模量。

V_s 可按下式进行计算[201]:

$$V_s = f_{yh}\frac{A_{sh}}{s}h_0 \tag{4-7}$$

式中,f_{yh} 为墙体水平分布钢筋屈服强度;A_{sh} 为配置在同一水平截面内水平分布钢筋的全部截面面积;s 为墙体水平分布钢筋间距。

则 V_w 可表示为:

$$V_w = \frac{1}{\lambda - 0.5}\left(0.5f_t bh_0 + 0.13N'\frac{A_w}{A}\right)(1 + \beta_v\lambda_f) + f_{yh}\frac{A_{sh}}{s}h_0 \tag{4-8}$$

4.4.2.2　基于钢纤维分布的剪力墙墙体受剪承载力计算方法

由图 4-3 可知, V_w 可表示为:

$$V_w = V_c + V_s + V_f \tag{4-9}$$

式中，V_f 为钢纤维的受剪承载力。

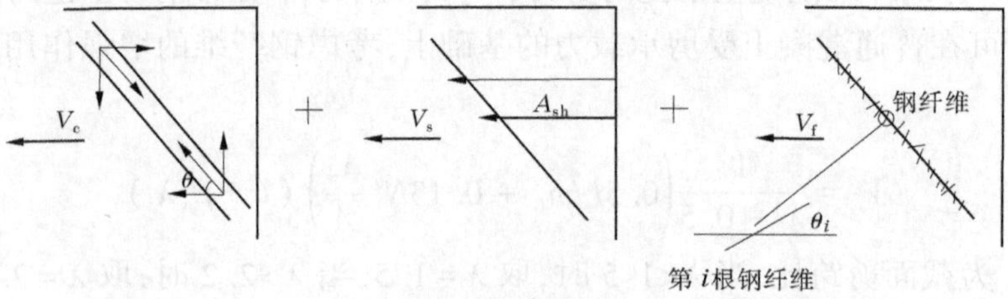

图 4-3　剪力墙墙体受剪承载力简化计算模型

(1)混凝土受剪承载力 V_c。

根据斜压杆机制，V_c 可表示为：

$$V_c = f_c A_c \cos\theta \tag{4-10}$$

式中，θ 为斜压杆倾角，取 $\theta = \tan^{-1}\left(\frac{H}{0.9h}\right)$；$A_c$ 为斜压杆有效横截面面积，其计算式为：

$$A_c = a_s b \tag{4-11}$$

式中，a_s 为混凝土斜压杆高度，可按下式进行计算[220]：

$$a_s = \alpha_1\left(1 + \xi_1 \frac{N'}{f_c bh}\right) h \tag{4-12}$$

式中，α_1、ξ_1 为影响系数。

循环荷载下，斜压杆混凝土会出现软化现象，引入软化系数 ζ[221]，并联立式(4-10)～式(4-12)可得：

$$V_c = \zeta\alpha_1 f_c\left(bh + \xi_1 \frac{N'}{f_c}\right)\cos\left[\tan^{-1}\left(\frac{H}{0.9h}\right)\right] \tag{4-13}$$

(2)分布钢筋受剪承载力 V_s。

V_s 可按下式进行计算[201]：

$$V_s = f_{yh}\frac{A_{sh}}{s}(h - a'_s) \tag{4-14}$$

本书试验结果表明，破坏时剪力墙根部及顶部水平分布钢筋并未全部屈服，因此引入考虑水平分布钢筋屈服不均匀的影响系数 ξ_2，则 V_s 可表示为：

$$V_s = \xi_2 f_{yh}\frac{A_{sh}}{s}(h - a'_s) \tag{4-15}$$

(3)钢纤维受剪承载力 V_f。

V_f 按以下两种方式计算:

①将钢纤维混凝土作为复合材料,V_{f1} 可表示为:

$$V_{f1} = V_c \alpha_f \frac{f_{ft}}{f_t} \tag{4-16}$$

式中,α_f 为比例系数。

将式(4-5)代入式(4-16),得:

$$V_{f1} = V_c \alpha_f (1 + \beta_f \lambda_f) \tag{4-17}$$

将式(4-13)、式(4-15)、式(4-17)代入式(4-9)进行整理,并取 $\xi_3 = \dfrac{\alpha_f \beta_f}{1 + \alpha_f}$,$\xi_4 = \zeta \alpha_1 \cos\left[\tan^{-1}\left(\dfrac{H}{0.9h}\right)\right](1 + \alpha_f)$,得到墙体受剪承载力计算式为:

$$V_{w1} = \xi_4 f_c (1 + \xi_3 \lambda_f)\left(bh + \xi_1 \frac{N'}{f_c}\right) + \xi_2 f_{yh} \frac{A_{sh}}{s}(h - a'_s) \tag{4-18}$$

②将钢纤维作为分散配筋。试验中发现,墙体破坏时的斜裂缝处钢纤维被拔出而非被拉断,其受剪承载力取决于钢纤维与混凝土的黏结强度。因此,V_{f2} 可按下式进行计算:

$$V_{f2} = \sum_{i=1}^{n_f} \pi d_f \tau_{fi} l_i \cos\theta_i \tag{4-19}$$

式中,n_f 为钢纤维总数;τ_{fi} 为第 i 根钢纤维黏结应力;θ_i 为第 i 根钢纤维与水平面的夹角;l_i 为第 i 根钢纤维锚固长度,取 $l_i = l/\alpha_{2i}$,α_{2i} 为第 i 根钢纤维锚固长度系数。

n_f 可表示为:

$$n_f = \frac{\alpha_3 \rho_f bh}{\pi d_f^2 \sin\theta_1} \tag{4-20}$$

式中,θ_1 为斜裂缝面与水平面的夹角;α_3 为钢纤维分布不均匀系数。

假定每根钢纤维的 θ_i、τ_{fi} 和 α_{2i} 均相同,即 $\theta_i = \theta_2$,$\tau_{fi} = \tau_f$,$\alpha_{2i} = \alpha_2$,则:

$$V_{f2} = \frac{\alpha_5 \alpha_3 \alpha_4 \cos\theta_2}{\alpha_2 \sin\theta_1} \tau_f \lambda_f bh \tag{4-21}$$

式中,α_2 为钢纤维锚固长度系数;α_4 为钢纤维方向系数;θ_2 为钢纤维与水平面夹角;α_5 为钢纤维有效系数;τ_f 为钢纤维黏结应力,$\tau_f = \alpha_6 f_{ft}$,α_6 为黏结应力系数。

整理式(4-21),并取 $\xi_5 = \dfrac{\alpha_6 \alpha_5 \alpha_3 \alpha_4 \cos\theta_2}{\alpha_2 \sin\theta_1}$,可得 V_{f2} 为:

$$V_{f2} = \xi_5 f_{ft} \lambda_f bh \tag{4-22}$$

将式(4-13)、式(4-15)、式(4-22)代入式(4-9)进行整理,并取 $\xi_6 = \zeta\alpha_1\cos\left[\tan^{-1}\left(\frac{H}{0.9h}\right)\right]$,得到墙体受剪承载力计算式为:

$$V_{w2} = \xi_6 f_c\left(bh + \xi_1\frac{N'}{f_c}\right) + \xi_5 f_{ft}\lambda_f bh + \xi_2 f_{yh}\frac{A_{sh}}{s}(h - a'_s) \tag{4-23}$$

4.4.2.3 基于软化桁架模型的剪力墙墙体受剪承载力计算方法

20 世纪 80 年代, Collins 等[222-227]提出了软化桁架模型理论,用于计算分析钢筋混凝土受剪、受扭构件。国内外研究表明[228-237],软化桁架模型理论是分析钢筋混凝土剪力墙、牛腿、框架节点、深梁等构件受剪性能的有效方法。特别是在钢筋混凝土剪力墙受力性能分析方面,国内外学者基于软化桁架模型,编制了用于分析钢筋混凝土剪力墙的计算程序,得到了其荷载—位移全过程骨架曲线,计算结果与试验结果普遍符合较好[238-242]。软化桁架模型同样可以用于钢纤维混凝土剪力墙受力性能的分析[173]。

基于软化桁架模型,V_w 可表达为[173]:

$$V_w = V_{cf} + V_s \tag{4-24}$$

式中,V_{cf} 为钢纤维混凝土承担的剪力,可采用下式进行计算:

$$V_{cf} = \frac{0.8}{1 + 0.6\frac{H}{h}}\left(f_{ft} + 0.35\frac{N'}{bh}\right)bh \tag{4-25}$$

根据 f_{ft} 与 f_c 二者之间的关系,式(4-25)还可表达为:

$$V_{cf} = \left(\frac{1.18}{1 + 0.6\frac{H}{h}} + 0.6\rho_f\frac{l_f}{d_f}\right)\sqrt{\frac{f_c}{\kappa}}bh + \frac{0.28}{1 + 0.6\frac{H}{h}}N' \tag{4-26}$$

式中,κ 为钢纤维混凝土强度软化影响系数,可按下式进行计算:

$$\kappa = 0.21 + 1.94\left(1 + 0.1\rho_f\frac{l_f}{d_f}\right)/\left(\frac{H}{h}\right)^{2/3} \tag{4-27}$$

V_s 可按剪摩擦理论进行计算:

$$V_s = \frac{(H/h)^{4/3}}{1 + \left(\frac{H}{h}\right)^{2/3}}\eta\rho_{sh}\omega_1 f_{yh}bh + \frac{1}{1 + \left(\frac{H}{h}\right)^{2/3}}\eta\rho_{sv}\omega_2 f_{yv}bh \tag{4-28}$$

式中,η 为剪摩擦系数,对于钢纤维混凝土,$\eta = 1.0$,对于普通混凝土,$\eta = 0.85$;ρ_{sh}、ρ_{sv} 分别为墙体水平及竖向分布钢筋配筋率;f_{yv} 为墙体竖向分布钢筋屈服强度;ω_1、ω_2 分别为水平或竖向钢筋的应力系数,可按下式进行计算:

$$\omega_1 = \frac{1}{\sqrt{1 + 3(H/h)^{2/3}}};\omega_2 = \frac{1}{\sqrt{3 + (H/h)^{2/3}}} \tag{4-29}$$

将式(4-26)、式(4-28)代入式(4-24)进行整理,可得 V_w 的计算式为:

$$V_w = \left(\frac{1.18}{1 + 0.6\dfrac{H}{h}} + 0.6\rho_f\frac{l_f}{d_f}\right)\sqrt{\frac{f_c}{\kappa}}bh + \frac{0.28}{1 + 0.6\dfrac{H}{h}}N' +$$

$$\frac{(H/h)^{4/3}}{1 + \left(\dfrac{H}{h}\right)^{2/3}}\eta\rho_{sh}\omega_1 f_{yh}bh + \frac{1}{1 + \left(\dfrac{H}{h}\right)^{2/3}}\eta\rho_{sv}\omega_2 f_{yv}bh \tag{4-30}$$

4.4.2.4　基于软化拉压杆模型的剪力墙墙体受剪承载力计算方法

Hwang 等[243-247]于 2000 年左右首次提出软化拉压杆模型,用于计算具有斜压破坏特征的多种钢筋混凝土构件的受剪承载力。随后,国内外学者将软化拉压杆模型用于深梁[248]、牛腿[249]、节点[250-255]、连梁[256]及剪力墙[144, 257]等多种构件受剪承载力的分析和计算,并获得了较好的计算精度,充分验证了软化拉压杆模型较好的适用性。本节在软化拉压杆模型的基础上,根据钢筋钢纤维混凝土剪力墙墙体的受力特点,将混凝土中乱向分布的钢纤维等效为水平和竖向微细钢筋,建立其受剪承载力计算模型。剪力墙墙体的软化拉压杆模型由斜向抗力机制、水平抗力机制和竖向抗力机制构成,如图 4-4 所示。其中,墙体混凝土形成斜压杆,墙体水平分布钢筋和钢纤维形成水平拉杆,墙体竖向分布钢筋和钢纤维形成竖向拉杆,从而形成一个拉压杆机制。

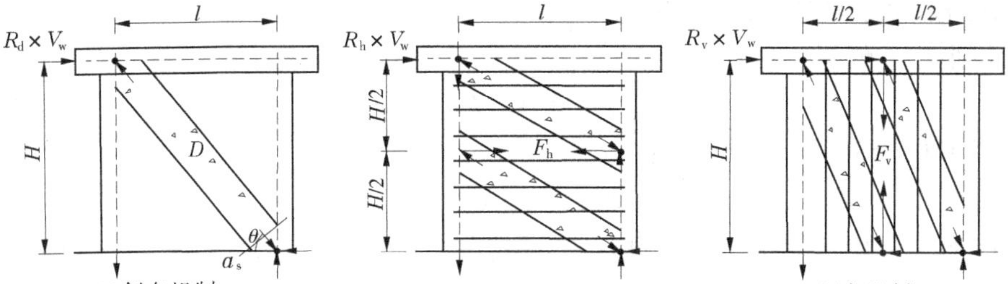

图 4-4　墙体软化拉压杆模型传力机制

斜向抗力机制是一个倾角为 θ 的钢纤维混凝土斜压杆,如图 4-4(a)所示。参考 4.4.2.2 节,θ 可表示为:

$$\theta = \tan^{-1}\left(\frac{H}{l}\right) \tag{4-31}$$

式中，l 为墙体竖向力偶的内力臂，对矩形截面墙体，$l = 0.9h$。

斜压杆的截面面积 A_{str} 为：

$$A_{str} = a_{str} \times b_{str} \tag{4-32}$$

式中，a_{str} 为斜压杆的截面高度；b_{str} 为斜压杆的截面宽度，可取为墙体截面宽度 b。

a_{str} 值可按下式计算[244]：

$$\alpha_{str} = (0.25 + 0.85 \frac{N'}{bhf'_c})h \tag{4-33}$$

式中，f'_c 为混凝土圆柱体轴心抗压强度。

水平抗力机制由一个水平拉杆和两个平缓压杆构成，如图 4-4(b) 所示。水平拉杆值 F_h 可按下式计算：

$$F_h = F_{s,h} + F_{sf,h} \tag{4-34}$$

式中，$F_{s,h}$ 为水平分布钢筋拉杆拉力，$F_{s,h} = \eta_1 A_{s,h} f_{s,h}$，$\eta_1$ 为水平分布钢筋抗剪有效系数，$\eta_1 = 0.75$[244]，$A_{s,h}$ 为水平分布钢筋拉杆横截面面积，$f_{s,h}$ 为水平分布钢筋抗拉强度；$F_{sf,h}$ 为水平钢纤维拉杆拉力，$F_{sf,h} = A_{sf,h} f_{sf}$，$A_{sf,h}$ 为水平钢纤维拉杆横截面面积，f_{sf} 为钢纤维抗拉强度。

$A_{sf,h}$ 值可表示为：

$$A_{sf,h} = n_{sf} A_{sf} \tag{4-35}$$

式中，A_{sf} 为单根钢纤维横截面面积；n_{sf} 为等效水平钢纤维的数量，可以按照下式进行计算：

$$n_{sf} = \eta_2 \rho_f \frac{bH}{A_{sf} \sin\theta} \tag{4-36}$$

式中，η_2 为等效系数，$\eta_2 = 0.41$[258]。

则 $A_{sf,h}$ 值为：

$$A_{sf,h} = 0.41 \rho_f bH / \sin\theta \tag{4-37}$$

同理，竖向拉杆值 F_v 为：

$$F_v = F_{s,v} + F_{sf,v} \tag{4-38}$$

式中，$F_{s,v}$ 为竖向分布钢筋拉杆拉力，$F_{s,v} = \eta_3 A_{s,v} f_{s,v}$，$\eta_3$ 为竖向分布钢筋抗剪有效系数，$\eta_3 = 0.8$[244]，$A_{s,v}$ 为竖向分布钢筋拉杆横截面面积，$f_{s,v}$ 为竖向分布钢筋抗拉强度；$F_{sf,v}$ 为竖向钢纤维拉杆拉力，$F_{sf,v} = A_{sf,v} f_{sf}$，$A_{sf,v}$ 为竖向钢纤维拉杆横截面面积，根据上述分析，$A_{sf,v} = 0.41 \rho_f bh / \cos\theta$。

(1) 力平衡方程。

墙体的软化拉压杆模型计算简图如图 4-5 所示，墙体水平剪力 V_w 和竖向剪力 V_{wv} 的计算可按下式进行：

$$V_{\rm w} = D\cos\theta + F_{\rm v}\cot\theta + F_{\rm h}$$
$$V_{\rm wv} = D\sin\theta + F_{\rm h}\tan\theta + F_{\rm v} \tag{4-39}$$

式中，D 为钢纤维混凝土斜压杆压力。

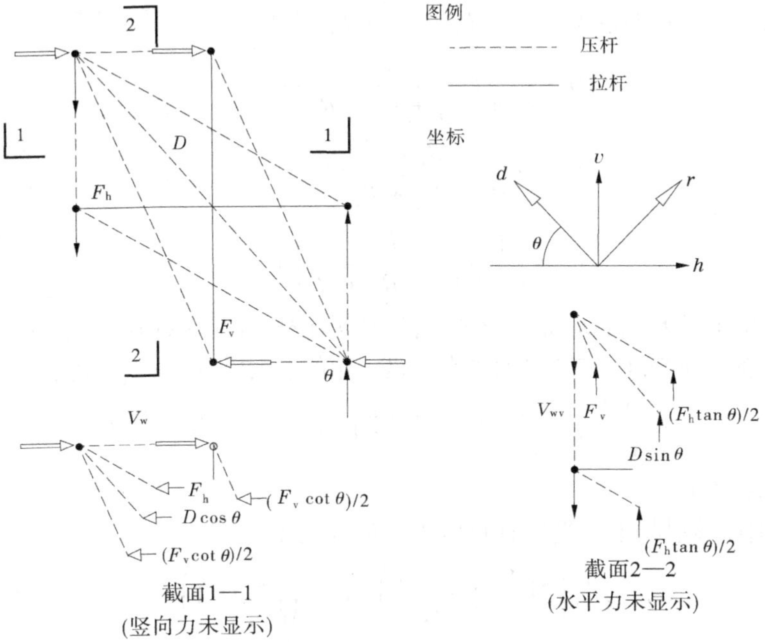

图 4-5　墙体软化拉压杆计算简图

$V_{\rm w}$ 按照一定比例分配给三种抗力机制，即[244]：

$$D\cos\theta : F_{\rm h} : F_{\rm v}\cot\theta = R_{\rm d} : R_{\rm h} : R_{\rm v} \tag{4-40}$$

式中，$R_{\rm d}$、$R_{\rm h}$、$R_{\rm v}$ 分别为斜向、水平和竖向抗力机制承担的水平剪力的比值，可按下式进行计算[244]：

$$R_{\rm d} = \frac{(1-\gamma_{\rm h})(1-\gamma_{\rm v})}{1-\gamma_{\rm h}\gamma_{\rm v}}$$
$$R_{\rm h} = \frac{\gamma_{\rm h}(1-\gamma_{\rm v})}{1-\gamma_{\rm h}\gamma_{\rm v}} \tag{4-41}$$
$$R_{\rm v} = \frac{\gamma_{\rm v}(1-\gamma_{\rm h})}{1-\gamma_{\rm h}\gamma_{\rm v}}$$

式中，$\gamma_{\rm h}$ 为竖向抗力机制不参与受力时水平拉杆所分配的水平剪力的比例；

γ_v 为水平抗力机制不参与受力时竖向拉杆所分配的水平剪力的比例。γ_h 和 γ_v 的值可按照下式进行计算[259]：

$$\gamma_h=\frac{2\tan\theta-1}{3}\quad(0\leqslant\gamma_h\leqslant1),\gamma_v=\frac{2\cot\theta-1}{3}\quad(0\leqslant\gamma_v\leqslant1)\tag{4-42}$$

联立式(4-39)和式(4-40)求解，可得 D、F_h 及 F_v：

$$\begin{aligned}D&=\frac{1}{\cos\theta}\left(\frac{R_d}{R_d+R_h+R_v}\right)V_w\\F_h&=\left(\frac{R_h}{R_d+R_h+R_v}\right)V_w\\F_v&=\frac{1}{\cot\theta}\left(\frac{R_v}{R_d+R_h+R_v}\right)V_w\end{aligned}\tag{4-43}$$

软化拉压杆模型的破坏准则为斜压杆、平缓压杆、陡峭压杆在节点处的合力达到混凝土的抗压强度。三个压杆在节点区产生的最大压应力 $\sigma_{d,max}$ 可表示为：

$$\sigma_{d,max}=\frac{1}{A_{str}}\left[D+\frac{F_h}{\cos\theta}\left(1-\frac{\sin^2\theta}{2}\right)+\frac{F_v}{\sin\theta}\left(1-\frac{\cos^2\theta}{2}\right)\right]\tag{4-44}$$

(2)本构方程。

开裂钢纤维混凝土的受压软化应力—应变关系为[260]：

$$\sigma_d=\zeta f'_c\left[2\left(\frac{\varepsilon_d}{\zeta\varepsilon_0}\right)-\left(\frac{\varepsilon_d}{\zeta\varepsilon_0}\right)^2\right]\quad\left(\frac{\varepsilon_d}{\zeta\varepsilon_0}\leqslant1\right)\tag{4-45}$$

式中，σ_d 为钢纤维混凝土在 d 方向上平均主压应力；ε_d 为 σ_d 对应的平均主应变；ε_0 为钢纤维混凝土圆柱体应力达到 f_c' 时的应变，其值可按下式计算[261]：

$$\varepsilon_0=-0.002-0.001\left(\frac{f_c'-20}{80}\right)\quad(20\text{ MPa}\leqslant f_c'\leqslant100\text{ MPa})\tag{4-46}$$

ζ 值可按下式进行计算[260]：

$$\zeta=\frac{5.8}{\sqrt{f_c'}}\frac{1}{\sqrt{1+400\varepsilon_r}}\leqslant\frac{0.9}{\sqrt{1+400\varepsilon_r}}\tag{4-47}$$

式中，ε_r 为 r 方向上平均主拉应力 σ_r 对应的平均主应变。

当墙体达到最大受剪承载力时，σ_d 和 ε_d 应满足下述条件：

$$\sigma_d=\zeta f_c'\tag{4-48}$$

$$\varepsilon_d=\zeta\varepsilon_0\tag{4-49}$$

墙体钢筋的应力—应变关系可表示为：

$$\begin{aligned}f_s&=E_s\varepsilon_s\quad(\varepsilon_s<\varepsilon_y)\\f_s&=f_y\quad(\varepsilon_s\geqslant\varepsilon_y)\end{aligned}\tag{4-50}$$

式中，E_s 为钢筋弹性模量；f_y 和 ε_y 分别为钢筋屈服强度和屈服应变；f_s、ε_s 分别为钢筋应力和应变。

此处需要注意的是，当上述计算式分别应用于水平分布钢筋和竖向分布钢筋时，f_s 应分别取为 $f_{s,h}$ 和 $f_{s,v}$，E_s 应分别取为 $E_{s,h}$ 和 $E_{s,v}$，ε_s 应分别取为 $\varepsilon_{s,h}$ 和 $\varepsilon_{s,v}$，f_y 应分别取为 $f_{y,h}$ 和 $f_{y,v}$。

钢纤维的应力—应变关系可表示为：

$$f_{sf} = E_{sf}\varepsilon_{sf} \tag{4-51}$$

式中，E_{sf} 为钢纤维的弹性模量；ε_{sf} 为钢纤维的应变。

由于钢纤维抗拉强度较高，f_{sf} 值一般取决于钢纤维与混凝土的黏结强度，即 f_{sf} 应满足：

$$A_{sf}f_{sf} \leqslant \lambda_{sf}A_{spf}\tau_{sf,max} \tag{4-52}$$

式中，$\tau_{sf,max}$ 为钢纤维与混凝土的最大黏结强度，$\tau_{sf,max}=2.5f_t$[262]；λ_{sf} 为钢纤维类型影响系数，长直形、波浪形、弯钩形钢纤维分别取 0.5、0.75、1.0[262]；A_{spf} 为钢纤维表面积，$A_{spf}=\pi d_f l_{sfo}$，l_{sfo} 为钢纤维有效锚固长度，$l_{sfo}=l_f/4$。

由式(4-52)可得：

$$f_{sf} \leqslant \lambda_{sf}\left(\frac{l_f}{d_f}\right)\tau_{sf,max} \tag{4-53}$$

拉杆拉力值和应变之间的关系可表达为：

$$F_h = F_{s,h} + F_{sf,h} = 0.75A_{s,h}E_{s,h}\varepsilon_{s,h} + 0.41\rho_f bHE_{sf}\varepsilon_{sf,h}/\sin\theta \quad F_h \leqslant F_{yh} \tag{4-54}$$

$$F_v = F_{s,v} + F_{sf,v} = 0.8A_{s,v}E_{s,v}\varepsilon_{s,v} + 0.41\rho_f bhE_{sf}\varepsilon_{sf,v}/\cos\theta \quad F_v \leqslant F_{yv} \tag{4-55}$$

$$\varepsilon_{s,h} = \varepsilon_{sf,h} = \varepsilon_h, \varepsilon_{s,v} = \varepsilon_{sf,v} = \varepsilon_v \tag{4-56}$$

式中，$\varepsilon_{s,h}$ 和 $\varepsilon_{sf,h}$ 分别为水平方向分布钢筋和钢纤维的应变；$\varepsilon_{s,v}$ 和 $\varepsilon_{sf,v}$ 分别为竖直方向分布钢筋和钢纤维的应变；ε_h 和 ε_v 分别为墙体平均水平应变和平均竖向应变；F_{yh} 和 F_{yv} 分别为水平拉杆和竖向拉杆屈服力。

(3)协调方程。

应变协调条件如下所示[263]：

$$\varepsilon_r = \varepsilon_h + (\varepsilon_h - \varepsilon_d)\cot^2\theta \tag{4-57}$$

$$\varepsilon_r = \varepsilon_v + (\varepsilon_v - \varepsilon_d)\tan^2\theta \tag{4-58}$$

(4)求解步骤。

墙体受剪承载力的具体求解流程见图 4-6 和图 4-7。主要求解步骤如下所示：

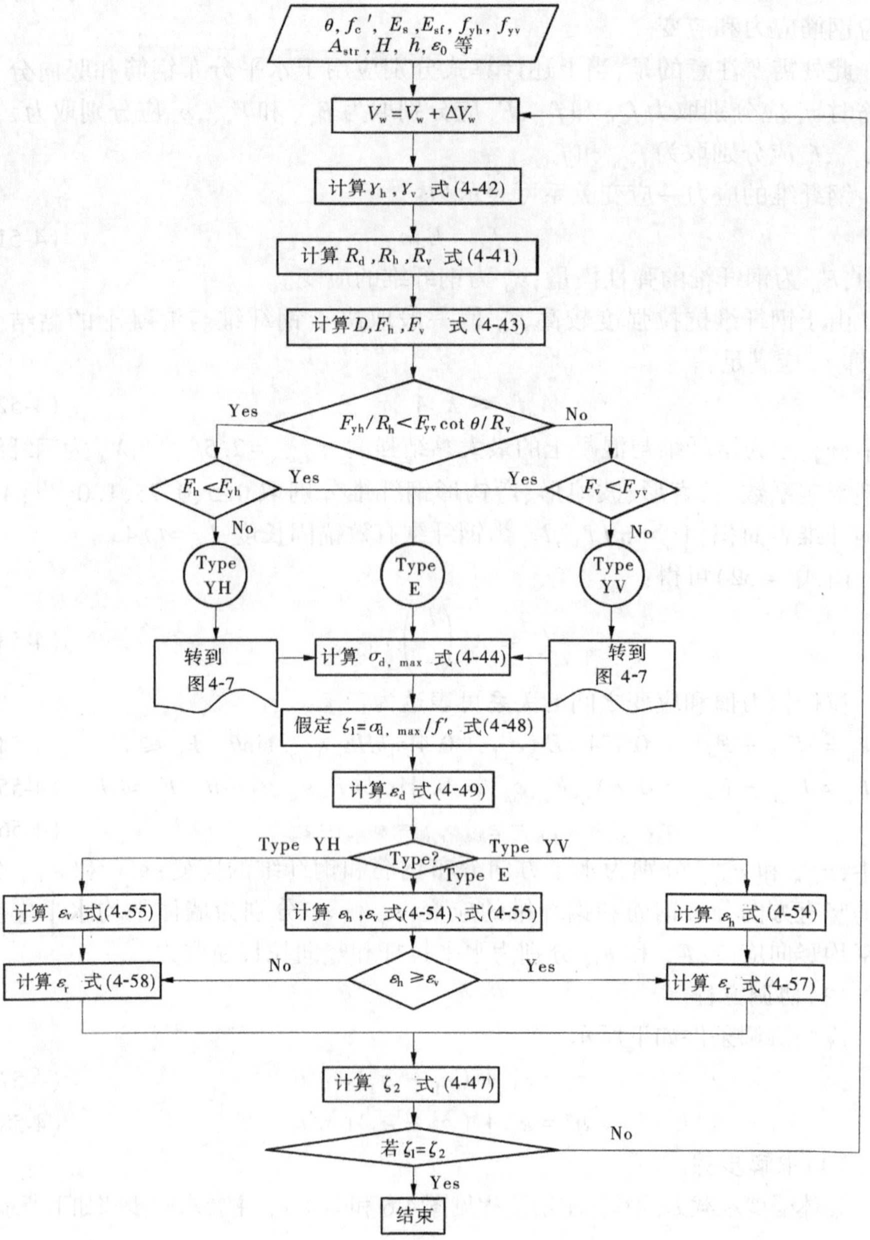

图 4-6　墙体受剪承载力计算流程

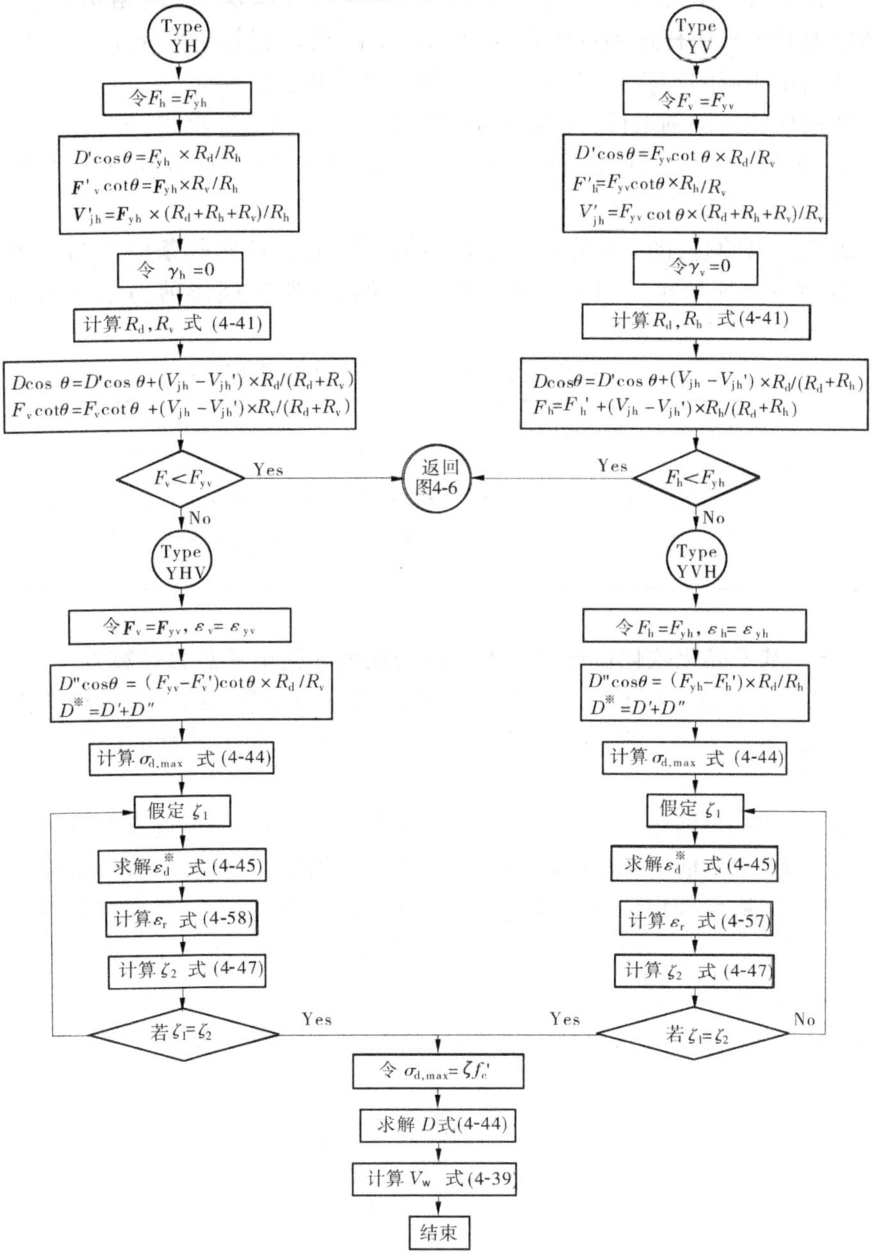

图 4-7　拉杆屈服后墙体受剪承载力计算流程

①首先假定 V_w 值,按照式(4-39)~式(4-44),计算 D、F_h、F_v 和 $\sigma_{d,max}$。然后假定混凝土斜压杆达到抗压强度,利用式(4-48)求得初始软化系数 ζ_1 值。

②利用相应的本构方程,分别计算拉、压杆的应变。

③根据应变协调条件,计算 ε_r 值;然后利用式(4-47)求得一个新的软化系数 ζ_2,如果 $\zeta_1=\zeta_2$,则假定的 V_w 即为墙体的受剪承载力,否则重新选取 V_w 进行计算,直到 $\zeta_1=\zeta_2$。

需要指出的是,图 4-6 的求解流程根据不同的拉杆屈服条件分为 5 种计算类型,如表 4-1 所示。图 4-7 给出了水平拉杆屈服后墙体剪力重分布的流程。

表 4-1　软化拉压杆模型受剪承载力计算类型

类型	Type E	Type YH	Type YV	Type YHV	Type YVH
适用条件	$F_h < F_{yh}$ 且 $F_v < F_{yv}$	$F_h = F_{yh}$ 且 $F_v < F_{yv}$	$F_h < F_{yh}$ 且 $F_v = F_{yv}$	$F_h = F_{yh}$ 且 $F_v = F_{yv}$	$F_v = F_{yv}$ 且 $F_h = F_{yh}$

4.4.2.5　基于简化软化拉压杆模型的剪力墙墙体受剪承载力计算方法

4.4.2.4 部分利用软化拉压杆模型获得墙体的受剪承载力需进行迭代计算,过程较为复杂。为此,Hwang 等[243]进一步提出了便于手算的简化软化拉压杆模型。

研究表明,当墙体中未配置水平和竖向分布钢筋时,墙体仅靠混凝土斜压杆传递压力,承担剪力,如图 4-8(b)所示;若墙体中配置有水平和竖向分布钢筋,二者共同构成的拉杆可支持混凝土次压杆的产生,引发更多的混凝土参与受压,如图 4-8(c)、(d)所示,从而提高了墙体受剪承载力。与 4.4.2.4 部分一致,钢纤维能够等效为水平和竖向微细钢筋,可进一步增加压力传力路径,提高墙体受剪承载力。水平和竖向配筋对 V_w 值的贡献可通过拉压杆指标 K 体现。

$$K=\frac{C_d}{\sigma_{d,max}A_{str}}=\frac{D+\dfrac{F_h}{\cos\theta}+\dfrac{F_v}{\sin\theta}}{D+\dfrac{F_h}{\cos\theta}\left(1-\dfrac{\sin^2\theta}{2}\right)+\dfrac{F_v}{\sin\theta}\left(1-\dfrac{\cos^2\theta}{2}\right)}\tag{4-59}$$

式中,C_d 为剪力墙墙体混凝土的对角抗压强度。

考虑混凝土的软化效应,V_w 可表示为:

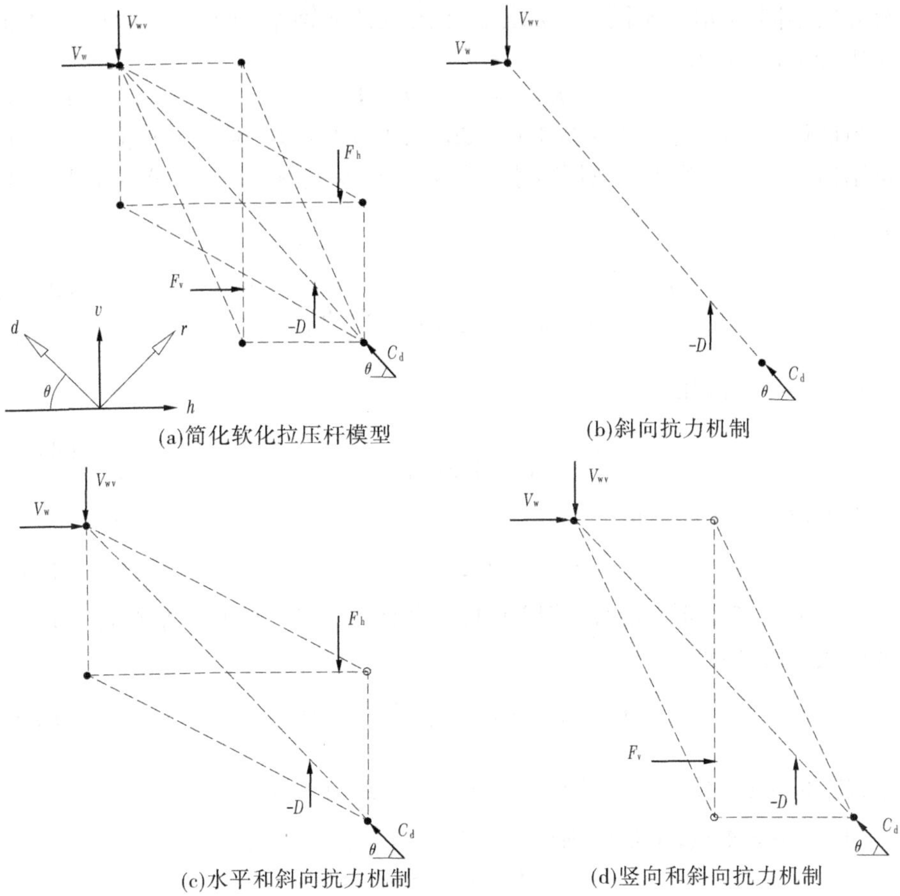

图 4-8　墙体简化软化拉压杆模型

$$V_w = C_d\cos\theta = K\zeta f_c{}'A_{str}\cos\theta \tag{4-60}$$

(1)ζ 值的计算。

ζ 值与 ε_r 值密切相关,根据应变协调原理[244]:

$$\varepsilon_r + \varepsilon_d = \varepsilon_h + \varepsilon_v \tag{4-61}$$

式中,$\varepsilon_h = 0.002$,$\varepsilon_v = 0.002$[227],$\varepsilon_d = -0.001$[249]。

将上述相关数据代入计算,得到 $\varepsilon_r = 0.005$,进一步根据式(4-47),则:

$$\zeta = \frac{3.35}{\sqrt{f_c{}'}} \leqslant 0.52 \tag{4-62}$$

(2)K 值的确定。

简化软化拉压杆模型有 3 种抗力机制和 4 种组合方式，如图 4-8 所示。组合方式不同，K 值也不同。若墙体中未配置任何钢筋，则由式(4-59)可得此时拉压杆指标 K_d 为：

$$K_d = -D/-D = 1 \tag{4-63}$$

当墙体中仅配置水平分布钢筋，如图 4-8(c)所示，墙体中斜向—水平抗力机制组合受力。若压杆破坏时水平拉杆仍能保持弹性，弹性水平拉压杆指标 $\overline{K}_h$ 为：

$$\overline{K}_h = \frac{(1-\gamma_h)+\gamma_h}{(1-\gamma_h)+\gamma_h\left(1-\dfrac{\sin^2\theta}{2}\right)} \geqslant 1 \tag{4-64}$$

式(4-64)可简化为：

$$\overline{K}_h = \frac{1}{1-0.2(\gamma_h+\gamma_h^2)} \tag{4-65}$$

水平拉杆平衡拉力值 $\overline{F}_h$ 为：

$$\overline{F}_h = \gamma_h \overline{K}_h \zeta f_c' A_{str}\cos\theta \tag{4-66}$$

当水平拉杆配筋不足时，其提供的拉力将小于 $\overline{F}_h$，此时水平拉杆指标 K_h 可采用线性内插计算：

$$K_h = 1 + (\overline{K}_h - 1)\frac{F_{yh}}{\overline{F}_h} \leqslant \overline{K}_h \tag{4-67}$$

式中，F_{yh} 应考虑钢纤维的作用，参照式(4-54)进行计算。

同理，如图 4-8(d)所示，弹性竖向拉压杆指标 $\overline{K}_v$ 为：

$$\overline{K}_v = \frac{(1-\gamma_v)+\gamma_v}{(1-\gamma_v)+\gamma_v\left(1-\dfrac{\cos^2\theta}{2}\right)} \geqslant 1 \tag{4-68}$$

式(4-68)可简化为：

$$\overline{K}_v = \frac{1}{1-0.2(\gamma_v+\gamma_v^2)} \tag{4-69}$$

竖向拉杆平衡拉力值 $\overline{F}_v$ 为：

$$\overline{F}_v = \gamma_v \overline{K}_v \zeta f_c' A_{str}\sin\theta \tag{4-70}$$

当竖向拉杆配筋不足时，竖向拉杆指标 K_v 为：

$$K_v = 1 + (\overline{K}_v - 1)\frac{F_{yv}}{\overline{F}_v} \leqslant \overline{K}_v \tag{4-71}$$

式中，F_{yv} 应考虑钢纤维的作用，参照式(4-55)进行计算。

当墙体中同时配置了水平和竖向钢筋，且压杆破坏时，水平和竖向钢筋未屈服，则弹性拉压杆指标 $\overline{K}$ 为：

$$\overline{K}=\frac{R_{\mathrm{d}}+R_{\mathrm{h}}+R_{\mathrm{v}}}{R_{\mathrm{d}}+R_{\mathrm{h}}\left(1-\frac{\sin^{2}\theta}{2}\right)+R_{\mathrm{v}}\left(1-\frac{\cos^{2}\theta}{2}\right)}\geqslant 1 \tag{4-72}$$

为简化计算，$\overline{K}$ 可近似取为[243]：

$$\overline{K}=K_{\mathrm{d}}+(\overline{K}_{\mathrm{h}}-1)+(\overline{K}_{\mathrm{v}}-1)=\overline{K}_{\mathrm{h}}+\overline{K}_{\mathrm{v}}-1 \tag{4-73}$$

同理，当拉杆配筋不足时，K 可近似取为：

$$K=K_{\mathrm{d}}+(K_{\mathrm{h}}-1)+(K_{\mathrm{v}}-1)=K_{\mathrm{h}}+K_{\mathrm{v}}-1 \tag{4-74}$$

(3)求解步骤。

①利用式(4-31)计算斜压杆倾角 θ；②利用式(4-32)计算斜压杆的截面面积 A_{str}；③利用式(4-62)计算软化系数 ζ；④利用式(4-42)计算 γ_{h}、γ_{v}；⑤利用式(4-65)、式(4-69)计算 $\overline{K}_{\mathrm{h}}$、$\overline{K}_{\mathrm{v}}$；⑥利用式(4-66)、式(4-70)计算 $\overline{F}_{\mathrm{h}}$、$\overline{F}_{\mathrm{v}}$；⑦利用式(4-54)、式(4-55)计算 F_{yh}、F_{yv}；⑧利用式(4-67)、式(4-71)计算 K_{h}、K_{v}；⑨利用式(4-74)计算 K；⑩利用式(4-60)计算墙体受剪承载力 V_{w}。

4.4.3　剪力墙受剪承载力计算结果

4.4.3.1　基于现行规程的剪力墙受剪承载力计算结果

将式(4-2)、式(4-8)代入式(4-1)，得到剪力墙受剪承载力的计算式为：

$$V_{\mathrm{j}}=\frac{1}{\lambda-0.5}\left(0.5f_{\mathrm{t}}bh_{0}+0.13N'\frac{A_{\mathrm{w}}}{A}\right)(1+\beta_{\mathrm{v}}\lambda_{\mathrm{f}})+f_{\mathrm{yh}}\frac{A_{\mathrm{sh}}}{s}h_{0}+\alpha_{\mathrm{v}}A_{\mathrm{sc}}\tau_{\mathrm{scy}} \tag{4-75}$$

表 4-2 列出了相关文献中 18 个剪力墙试件[84,173,175,181]和本书中 10 个剪力墙试件，涵盖了不同的边框型式、几何尺寸、轴压比、钢管形状、钢纤维体积率、混凝土强度和配筋率等，且有三个共同特点：①属于剪切破坏；②属于单层悬臂剪力墙；③配置有水平和竖向分布钢筋，且均匀分布在整个墙体中。混凝土强度指标换算关系按照文献[68]计算。

按式(4-75)计算得到的上述 28 个剪力墙试件受剪承载力计算值与试验值的对比见表 4-3，表中 $V_{\mathrm{j}}^{\mathrm{t}}$、$V_{\mathrm{j}}^{\mathrm{c}}$ 分别为剪力墙试件受剪承载力试验值和计算值，试验值取正反向加载的平均值。28 个剪力墙试件受剪承载力试验值与式(4-75)计算值之比的均值为 1.204、均方差为 0.142、变异系数为 0.118。

表 4-2　剪力墙试件基本情况

试件编号	f_c(MPa)		H	$b\times h$	$h_f\times t$	n	水平分布钢筋		竖向分布钢筋		钢纤维	
	墙体	边框柱	(mm)	(mm×mm)	(mm×mm)		配筋量	f_{yh} (MPa)	配筋量	f_{yv} (MPa)	l_f/d_f	ρ_f (%)
RC-1.0-00-C60	55.4	—	750	120×750	—	0.2	Φ 6@100	369.17	12 Φ 6	369.17	—	—
RC-1.0-10(H)-CF60	55.6	—	750	120×750	—	0.2	Φ 6@100	369.17	12 Φ 6	369.17	64	1.0
CFST-1.0-00-C60	56.3	55.9	750	120×510	120×3.0	0.2	Φ 6@100	369.17	12 Φ 6	369.17	—	—
CFST-1.0-05(H)-CF60	55.2	55.5	750	120×510	120×3.0	0.2	Φ 6@100	369.17	12 Φ 6	369.17	64	0.5
CFST-1.0-10(H)-CF60	55.1	55.5	750	120×510	120×3.0	0.2	Φ 6@100	369.17	12 Φ 6	369.17	64	1.0
CFST-1.0-15(H)-CF60	56.5	56.0	750	120×510	120×3.0	0.2	Φ 6@100	369.17	12 Φ 6	369.17	64	1.5
CFST-1.0-10(H)-CF40	38.3	38.1	750	120×510	120×3.0	0.2	Φ 6@100	369.17	12 Φ 6	369.17	64	1.0
CFST-1.0-10(H)-CF80	65.6	64.6	750	120×510	120×3.0	0.2	Φ 6@100	369.17	12 Φ 6	369.17	64	1.0
CFST-1.0-10(H)-CF60(0.1)	55.2	55.4	750	120×510	120×3.0	0.1	Φ 6@100	369.17	12 Φ 6	369.17	64	1.0
CFST-1.0-10(H)-CF60(5D)	55.6	55.8	750	120×510	120×3.0	0.2	Φ 6@100	369.17	12 Φ 6	369.17	68	1.0
SW1.0-2[84]	34.8	34.8	740	140×460	159×3.7	0.35	Φ 6@120	340	Φ 4@80	360	—	—
CFST-S-S1[181]	32.9	32.9	920	85×860	120×3.0	0.31	Φ 6@120	397	Φ 6@120	397	—	—
CFST-S-S2[181]	32.9	32.9	920	85×860	120×3.0	0.62	Φ 6@120	397	Φ 6@120	397	—	—
CFST-S-L1[181]	32.9	32.9	920	85×1 320	120×3.0	0.31	Φ 6@120	397	Φ 6@120	397	—	—
CFST-S-L2[181]	32.9	32.9	920	85×1 320	120×3.0	0.62	Φ 6@120	397	Φ 6@120	397	—	—
CFST-C-S1[181]	32.9	32.9	920	85×860	140×2.0	0.29	Φ 6@120	397	Φ 6@120	397	—	—
CFST-C-S2[181]	32.9	32.9	920	85×860	140×2.0	0.58	Φ 6@120	397	Φ 6@120	397	—	—
CFST-C-L1[181]	32.9	32.9	920	85×1 320	140×2.0	0.29	Φ 6@120	397	Φ 6@120	397	—	—
CFST-C-L2[181]	32.9	32.9	920	85×1 320	140×2.0	0.58	Φ 6@120	397	Φ 6@120	397	—	—
SW-05-40[175]	21.2	—	900	200×900	—	0.1	Φ 8@150	340	6 Φ 14	373.5	57	0.5
SW-10-40[175]	26.8	—	900	200×900	—	0.1	Φ 8@150	340	6 Φ 14	373.5	57	1.0
SW-15-40[175]	25.1	—	900	200×900	—	0.1	Φ 8@150	340	6 Φ 14	373.5	57	1.5
SW-20-40[175]	26.9	—	900	200×900	—	0.1	Φ 8@150	340	6 Φ 14	373.5	57	2.0
SW-10-30[175]	17.8	—	900	200×900	—	0.1	Φ 8@150	340	6 Φ 14	373.5	57	1.0
FSW1[173]	36.0	—	600	70×1 000	—	0.09	6 Φ 6.5	310	6 Φ 6.5	310	64	1.0
FSW2[173]	33.5	—	600	70×1 000	—	0.09	6 Φ 6.5	310	6 Φ 6.5	310	64	1.5
FSW3[173]	35.0	—	600	70×1 000	—	0.09	6 Φ 6.5	310	6 Φ 6.5	310	64	2.0
FSW4[173]	34.5	—	600	70×1 000	—	0.09	6 Φ 6.5	310	8 Φ 6.5	310	64	1.0

表4-3　剪力墙试件受剪承载力计算结果与试验结果对比

试件编号	V_j^t(kN)	式(4-75) V_j^c(kN)	式(4-75) V_j^t/V_j^c
RC-1.0-00-C60	546	358	1.525
RC-1.0-10(H)-CF60	630	490	1.286
CFST-1.0-00-C60	881	780	1.129
CFST-1.0-05(H)- CF60	920	807	1.140
CFST-1.0-10(H)- CF60	993	877	1.132
CFST-1.0-15(H)- CF60	1 045	928	1.126
CFST-1.0-10(H)- CF40	801	718	1.116
CFST-1.0-10(H)-CF80	1 097	962	1.140
CFST -1.0-10(H)-CF60(0.1)	886	826	1.073
CFST -1.0-10(H)-CF60(5D)	1 013	908	1.116
SW1.0-2[84]	872	925	0.943
CFST-S-S1[181]	771	728	1.059
CFST-S-S2[181]	891	767	1.162
CFST-S-L1[181]	991	871	1.138
CFST-S-L2[181]	1 265	910	1.390
CFST-C-S1[181]	789	733	1.076
CFST-C-S2[181]	895	772	1.159
CFST-C-L1[181]	988	876	1.127
CFST-C-L2[181]	1 225	915	1.339
SW-05-40[175]	730	576	1.267
SW-10-40[175]	745	632	1.179
SW-15-40[175]	770	686	1.122
SW-20-40[175]	808	762	1.060
SW-10-30[175]	730	569	1.283
FSW1[173]	335	230	1.457
FSW2[173]	330	238	1.387
FSW3[173]	340	255	1.333
FSW4[173]	330	230	1.435

4.4.3.2　基于钢纤维分布的剪力墙受剪承载力计算结果

将式(4-2)、式(4-18)、式(4-23)进行相关组合，代入式(4-1)，得到剪力墙受剪承载力的计算式为：

当钢纤维混凝土作为复合材料时

$$V_j = \xi_4 f_c(1 + \xi_3 \lambda_f)\left(bh + \xi_1 \frac{N'}{f_c}\right) + \xi_2 f_{yh} \frac{A_{sh}}{s}(h - a'_s) + \alpha_v A_{sc} \tau_{scy} \tag{4-76}$$

当钢纤维作为分散配筋时

$$V_j = \xi_6 f_c\left(bh + \xi_1 \frac{N'}{f_c}\right) + \xi_5 f_{ft} \lambda_f bh + \xi_2 f_{yh} \frac{A_{sh}}{s}(h - a'_s) + \alpha_v A_{sc} \tau_{scy} \tag{4-77}$$

根据式(4-76)、式(4-77),利用 Origin9.0 软件对表 4-2 中的 28 个剪力墙试件受剪承载力试验结果进行统计分析,得到剪力墙受剪承载力计算式为:

当钢纤维混凝土作为复合材料时

$$V_j = 0.10 f_c(1 + 0.19 \lambda_f)\left(bh + 0.25 \frac{N'}{f_c}\right) + f_{yh} \frac{A_{sh}}{s}(h - a'_s) + \alpha_v A_{sc} \tau_{scy} \tag{4-78}$$

当钢纤维作为分散配筋时

$$V_j = 0.10 f_c\left(bh + 0.25 \frac{N'}{f_c}\right) + 0.14 f_{ft} \lambda_f bh + f_{yh} \frac{A_{sh}}{s}(h - a'_s) + \alpha_v A_{sc} \tau_{scy} \tag{4-79}$$

按式(4-78)和式(4-79)计算得到的受剪承载力计算值与试验值的对比见表 4-4。28 个剪力墙试件受剪承载力试验值与式(4-78)计算值之比的平均值为 0.982、均方差为 0.112、变异系数为 0.114;与式(4-79)计算值之比的平均值为 0.981、均方差为 0.103、变异系数为 0.105。计算结果与试验值符合较好。

表 4-4　剪力墙试件受剪承载力计算结果与试验结果对比

试件编号	V_j^t(kN)	式(4-78) V_j^c(kN)	式(4-79) V_j^c(kN)	式(4-78) V_j^t/V_j^c	式(4-79) V_j^t/V_j^c
RC-1.0-00-C60	546	669	669	0.816	0.816
RC-1.0-10(H)-CF60	630	733	720	0.859	0.875
CFST-1.0-00-C60	881	979	979	0.900	0.900
CFST-1.0-05(H)-CF60	920	992	980	0.927	0.939
CFST-1.0-10(H)-CF60	993	1 013	1 004	0.980	0.989
CFST-1.0-15(H)-CF60	1 045	1 046	1 045	0.999	1.000
CFST-1.0-10(H)-CF40	801	824	815	0.972	0.983
CFST-1.0-10(H)-CF80	1 097	1 125	1 112	0.975	0.987
CFST-1.0-10(H)-CF60(0.1)	886	1 005	996	0.882	0.890
CFST-1.0-10(H)-CF60(5D)	1 013	1 016	1 013	0.997	1.000
SW1.0-2[84]	872	960	960	0.908	0.908

续表 4-4

试件编号	V_j^t(kN)	式(4-78) V_j^c(kN)	式(4-79) V_j^c(kN)	式(4-78) V_j^t/V_j^c	式(4-79) V_j^t/V_j^c
CFST-S-S1[181]	771	832	832	0.926	0.926
CFST-S-S2[181]	891	839	839	1.062	1.062
CFST-S-L1[181]	991	1 046	1 046	0.947	0.947
CFST-S-L2[181]	1 265	1 054	1 054	1.200	1.200
CFST-C-S1[181]	789	837	837	0.942	0.942
CFST-C-S2[181]	895	844	844	1.061	1.061
CFST-C-L1[181]	988	1 051	1 051	0.940	0.940
CFST-C-L2[181]	1 225	1 059	1 059	1.157	1.157
SW-05-40[175]	730	618	623	1.181	1.172
SW-10-40[175]	745	751	760	0.992	0.980
SW-15-40[175]	770	742	774	1.038	0.995
SW-20-40[175]	808	806	867	1.002	0.932
SW-10-30[175]	730	569	588	1.283	1.241
FSW1[173]	335	374	367	0.896	0.913
FSW2[173]	330	369	360	0.894	0.917
FSW3[173]	340	396	385	0.859	0.883
FSW4[173]	330	362	356	0.912	0.927

4.4.3.3　基于软化桁架模型的剪力墙受剪承载力计算结果

将式(4-2)、式(4-30)代入式(4-1)，得到剪力墙受剪承载力的计算式为：

$$V_j=\left(\frac{1.18}{1+0.6\dfrac{H}{h}}+0.6\rho_f\frac{l_f}{d_f}\right)\sqrt{\frac{f_c}{\kappa}}bh+\frac{0.28}{1+0.6\dfrac{H}{h}}N'+\frac{(H/h)^{4/3}}{1+\left(\dfrac{H}{h}\right)^{2/3}}\eta\rho_{sh}\omega_1 f_{yh}bh+\frac{1}{1+\left(\dfrac{H}{h}\right)^{2/3}}\eta\rho_{sv}\omega_2 f_{yv}bh+\alpha_v A_{sc}\tau_{scy} \tag{4-80}$$

按式(4-80)对表 4-2 的 28 个剪力墙试件进行受剪承载力计算，计算值与试验值的对比结果见表 4-5。28 个剪力墙试件受剪承载力试验值与式(4-80)计算值之比的平均值为 0.996、均方差为 0.118、变异系数为 0.119，计算结果与试验值符合较好。

4.4.3.4 基于软化拉压杆模型的剪力墙受剪承载力计算结果

按4.4.2.4部分剪力墙墙体软化拉压杆计算模型[式(4-39)等]结合式(4-2)对表4-2的28个剪力墙试件受剪承载力进行计算，结果见表4-6。试验值与计算值之比的平均值为1.017、均方差为0.128、变异系数为0.126，吻合较好。

表4-5 剪力墙试件受剪承载力计算结果与试验结果对比

试件编号	V_j^t(kN)	式(4-80) V_j^c(kN)	式(4-80) V_j^t/V_j^c
RC-1.0-00-C60	546	519	1.052
RC-1.0-10(H)-CF60	630	681	0.925
CFST-1.0-00-C60	881	885	0.995
CFST-1.0-05(H)-CF60	920	948	0.970
CFST-1.0-10(H)-CF60	993	1 005	0.988
CFST-1.0-15(H)-CF60	1 045	1 067	0.979
CFST-1.0-10(H)-CF40	801	852	0.940
CFST-1.0-10(H)-CF80	1 097	1 100	0.997
CFST-1.0-10(H)-CF60(0.1)	886	958	0.925
CFST-1.0-10(H)-CF60(5D)	1 013	1 012	1.001
SW1.0-2[84]	872	973	0.896
CFST-S-S1[181]	771	756	1.019
CFST-S-S2[181]	891	809	1.102
CFST-S-L1[181]	991	909	1.090
CFST-S-L2[181]	1 265	971	1.303
CFST-C-S1[181]	789	761	1.036
CFST-C-S2[181]	895	814	1.100
CFST-C-L1[181]	988	914	1.080
CFST-C-L2[181]	1 225	976	1.255
SW-05-40[175]	730	748	0.976
SW-10-40[175]	745	910	0.819
SW-15-40[175]	770	982	0.784
SW-20-40[175]	808	1 103	0.733
SW-10-30[175]	730	771	0.947
FSW1[173]	335	341	0.982
FSW2[173]	330	326	1.012
FSW3[173]	340	345	0.986
FSW4[173]	330	329	1.003

表 4-6　剪力墙试件受剪承载力计算结果与试验结果对比

试件编号	V_j^t(kN)	式(4-39) V_j^c(kN)	式(4-39) V_j^t/V_j^c
RC-1.0-00-C60	546	552	0.989
RC-1.0-10(H)-CF60	630	629	1.002
CFST-1.0-00-C60	881	848	1.039
CFST-1.0-05(H)- CF60	920	896	1.027
CFST-1.0-10(H)- CF60	993	931	1.067
CFST-1.0-15(H)- CF60	1 045	947	1.103
CFST-1.0-10(H)- CF40	801	795	1.008
CFST-1.0-10(H)-CF80	1 097	1 008	1.088
CFST -1.0-10(H)-CF60(0.1)	886	875	1.013
CFST -1.0-10(H)-CF60(5D)	1 013	940	1.078
SW1.0-2[84]	872	890	0.980
CFST-S-S1[181]	771	758	1.017
CFST-S-S2[181]	891	802	1.111
CFST-S-L1[181]	991	1 013	0.978
CFST-S-L2[181]	1 265	1 063	1.190
CFST-C-S1[181]	789	764	1.032
CFST-C-S2[181]	895	810	1.105
CFST-C-L1[181]	988	1 021	0.967
CFST-C-L2[181]	1 225	1 071	1.144
SW-05-40[175]	730	608	1.201
SW-10-40[175]	745	730	1.021
SW-15-40[175]	770	748	1.029
SW-20-40[175]	808	792	1.020
SW-10-30[175]	730	586	1.246

续表 4-6

试件编号	V_j^t(kN)	式(4-39) V_j^c(kN)	式(4-39) V_j^t/V_j^c
FSW1[173]	335	431	0.777
FSW2[173]	330	436	0.757
FSW3[173]	340	465	0.731
FSW4[173]	330	430	0.767

图 4-9 给出了不同 ρ_f、f_c 和 n 下的有关剪力墙试件受剪承载力计算结果与试验结果对比。由图 4-9 可见，不同的 ρ_f、f_c 和 n 下，V_j^t/V_j^c 的比值基本为 1，说明 ρ_f、f_c 和 n 这些因素对 V_j^t/V_j^c 均无明显影响，剪力墙试件受剪承载力的主要影响因素 ρ_f、f_c 和 n 等在软化拉压杆计算模型中得到了综合体现。

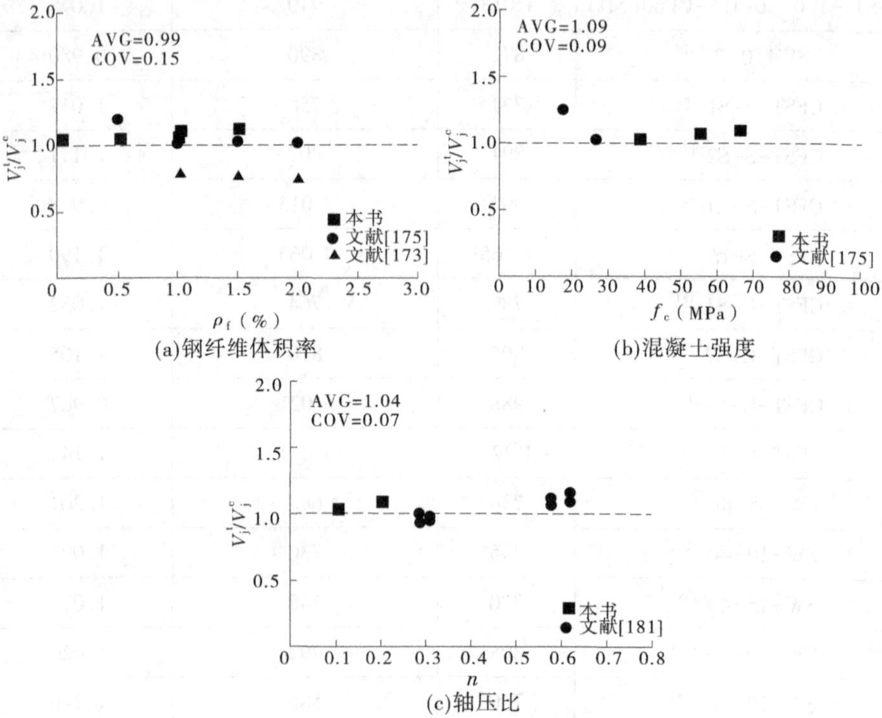

(a)钢纤维体积率

(b)混凝土强度

(c)轴压比

图 4-9 V_j^t/V_j^c 随 ρ_f、f_c 和 n 的变化

4.4.3.5　基于简化软化拉压杆模型的剪力墙受剪承载力计算结果

将式(4-2)、式(4-60)代入式(4-1),得到剪力墙受剪承载力的计算式为:

$$V_j = K\zeta f_c{}' A_{str}\cos\theta + \alpha_v A_{sc}\tau_{scy} \tag{4-81}$$

按式(4-81)对表 4-2 的 28 个剪力墙试件进行受剪承载力计算,计算值与试验值的对比结果见表 4-7。28 个剪力墙试件受剪承载力试验值与式(4-81)计算值之比的平均值为 1.038、均方差为 0.144、变异系数为 0.139,计算结果与试验值符合较好。

表 4-7　剪力墙试件受剪承载力计算结果与试验结果对比

试件编号	V_j^t(kN)	式(4-81) V_j^c(kN)	式(4-81) V_j^t/V_j^c
RC-1.0-00-C60	546	612	0.892
RC-1.0-10(H)-CF60	630	700	0.900
CFST-1.0-00-C60	881	899	0.980
CFST-1.0-05(H)- CF60	920	924	0.996
CFST-1.0-10(H)- CF60	993	963	1.031
CFST-1.0-15(H)- CF60	1 045	967	1.081
CFST-1.0-10(H)- CF40	801	783	1.023
CFST-1.0-10(H)-CF80	1 097	1 058	1.037
CFST -1.0-10(H)-CF60(0.1)	886	881	1.006
CFST -1.0-10(H)-CF60(5D)	1 013	963	1.052
SW1.0-2[84]	872	975	0.894
CFST-S-S1[181]	771	752	1.025
CFST-S-S2[181]	891	843	1.057
CFST-S-L1[181]	991	968	1.024
CFST-S-L2[181]	1 265	1 077	1.175
CFST-C-S1[181]	789	757	1.042
CFST-C-S2[181]	895	848	1.056
CFST-C-L1[181]	988	973	1.015
CFST-C-L2[181]	1 225	1 082	1.132

续表 4-7

试件编号	V_j^t(kN)	式(4-81) V_j^c(kN)	式(4-81) V_j^t/V_j^c
SW-05-40[175]	730	567	1.287
SW-10-40[175]	745	699	1.066
SW-15-40[175]	770	663	1.161
SW-20-40[175]	808	701	1.153
SW-10-30[175]	730	476	1.534
FSW1[173]	335	388	0.863
FSW2[173]	330	381	0.866
FSW3[173]	340	407	0.835
FSW4[173]	330	376	0.878

4.5　剪力墙受剪承载力计算方法对比

表 4-8 给出了 4.4.3.1~4.4.3.5 部分 28 个剪力墙试件受剪承载力试验值与计算值之比的平均值、均方差和变异系数。可见，按 4.4.3.1 部分基于现行规程建立的计算方法对 28 个剪力墙试件受剪承载力进行计算，其试验值与计算值之比的平均值为 1.204、均方差为 0.142、变异系数为 0.118，计算结果与试验结果吻合较好，但偏于保守；按 4.4.3.2~4.4.3.5 部分基于钢筋混凝土构件受剪理论建立的计算方法对 28 个剪力墙试件受剪承载力进行计算，其试验值与计算值之比的平均值为 0.981~1.038、均方差为 0.103~0.144、变异系数为 0.105~0.139，说明本章基于钢纤维分布、软化桁架模型、软化拉压杆模型及简化软化拉压杆模型建立的受剪承载力计算方法得到的计算结果与试验结果符合较好，离散性较小，且有明确的力学模型，能够较为合理地分析和预测钢管混凝土柱钢纤维高强混凝土剪力墙、钢管混凝土柱普通混凝土剪力墙以及钢筋钢纤维混凝土剪力墙受剪承载力。此外，4.4.3.4 部分软化拉压杆模型与 4.4.3.5 部分简化软化拉压杆模型的计算结果对比表明，4.4.3.5 部分简化算法的计算结果与 4.4.3.4 部分迭代算法的计算结果非常接近，偏于保守且离散性稍大。

表 4-8　剪力墙试件计算结果与试验结果对比

章节编号	平均值	均方差	变异系数
4.4.3.1	1.204	0.142	0.118
4.4.3.2	0.982	0.112	0.114
	0.981	0.103	0.105
4.4.3.3	0.996	0.118	0.119
4.4.3.4	1.017	0.128	0.126
4.4.3.5	1.038	0.144	0.139

需要说明的是，表 4-2 中所列出的钢管混凝土柱钢纤维高强混凝土剪力墙（本书试验数据）、钢管混凝土边框普通混凝土剪力墙（文献[84]、[181]）和钢筋钢纤维混凝土剪力墙（文献[173]、[175]）的试验数据均属于低矮剪力墙，因此，4.4.3.2~4.4.3.5 部分所建立剪力墙受剪承载力计算公式均适用于上述三类低矮剪力墙，但是否适用于其他剪力墙的受剪承载力计算有待进一步验证。

4.6　小　结

本章研究了钢管混凝土柱钢纤维高强混凝土低矮剪力墙受剪机制及受剪承载力计算方法，探讨了边框型式、钢纤维体积率、混凝土强度、轴压比和剪跨比等对剪力墙受剪承载力的影响，分别基于钢纤维分布、软化桁架模型、软化拉压杆模型和简化软化拉压杆模型等建立了钢管混凝土柱钢纤维高强混凝土剪力墙受剪承载力计算方法。主要结论如下：

（1）随钢纤维体积率、混凝土强度及轴压比在一定范围内的增加，钢管混凝土柱钢纤维高强混凝土剪力墙受剪承载力不断提高。

（2）钢管混凝土柱钢纤维高强混凝土剪力墙的受剪承载力计算模型可采用钢管混凝土柱受剪承载力与钢纤维高强混凝土剪力墙墙体受剪承载力的叠加进行计算；墙体的受剪机制为斜压杆—桁架机构的综合作用。

(3)将钢纤维混凝土作为复合材料、钢纤维作为分散配筋,建立钢纤维高强混凝土剪力墙受剪承载力计算模型;基于软化桁架理论,建立钢纤维高强混凝土剪力墙受剪承载力计算模型;将混凝土中随机分布的钢纤维等效为水平和竖向微细分布钢筋,基于软化拉压杆模型和简化软化拉压杆模型,建立钢纤维高强混凝土剪力墙受剪承载力计算模型。以此为基础,分别建立了钢管混凝土柱钢纤维高强混凝土剪力墙受剪承载力计算方法。

第 5 章　钢管混凝土柱钢纤维高强混凝土剪力墙受弯承载力计算方法

5.1　引　言

目前,在钢管混凝土边框普通混凝土剪力墙[83,184,85]和钢筋钢纤维混凝土剪力墙[172-178,189-193]的抗震性能研究方面取得了一定成果,但对剪力墙受弯承载力计算方法的研究相对较少,提出的受弯承载力计算公式多为基于试验结果的回归分析,钢管和钢纤维对受弯承载力的贡献不够明确,钢管混凝土柱钢纤维高强混凝土剪力墙受弯破坏机制及承载力计算的研究更是鲜有报道。本章以钢管混凝土柱钢纤维高强混凝土中高剪力墙的低周反复加载试验结果为基础,分析钢纤维体积率、钢纤维掺加高度、混凝土强度和轴压比等对剪力墙受弯承载力的影响,研究剪力墙受弯破坏特点,明确钢管和钢纤维对受弯承载力的贡献,建立钢管混凝土柱钢纤维高强混凝土中高剪力墙受弯承载力计算方法。

5.2　钢管混凝土柱钢纤维高强混凝土中高剪力墙受弯承载力影响因素

影响钢管混凝土柱钢纤维高强混凝土中高剪力墙受弯承载力的因素较多,主要有钢管混凝土柱配钢率、墙体竖向分布钢筋配筋率、钢纤维体积率、钢纤维掺加高度、混凝土强度、轴压比和加载方式等。

为便于分析对比,用剪力墙受弯承载力 F_t/F_0 相对值对本书的试验结果进行无量纲处理,其中 F_t、F_0 分别为钢管混凝土柱钢纤维高强混凝土中高剪力墙试件及其同系列对比剪力墙试件的受弯承载力,重点讨论钢纤维体积率、钢纤维掺加高度、混凝土强度和轴压比对剪力墙受弯承载力的影响,见图 5-1。

(1)钢纤维体积率。

试验表明,剪力墙受弯承载力随钢纤维体积率的增加而明显提高,见

图 5-1(a)。钢纤维体积率为 0、0.5%、1.0%、1.5%时，钢管混凝土柱钢纤维高强混凝土中高剪力墙的 F_t/F_0 值分别为 1.00、1.09、1.14、1.22。这主要是由于钢纤维的掺入能够承担一定的拉应力，并降低裂缝处受拉区混凝土应力集中程度，从而提高了剪力墙的受弯承载力[168]。

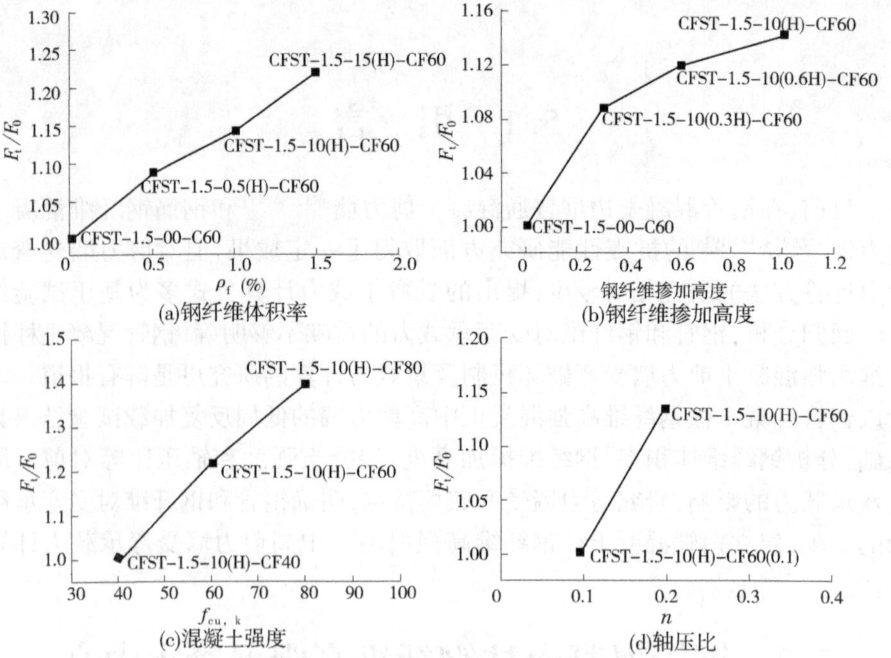

图 5-1　剪力墙受弯承载力影响因素

(2)钢纤维掺加高度

试验表明，剪力墙受弯承载力随钢纤维掺加高度的增加而显著提高，见图 5-1(b)。钢纤维掺加高度为 0、0.3 H、0.6 H、H 时，钢管混凝土柱钢纤维高强混凝土中高剪力墙的 F_t/F_0 值分别为 1.00、1.09、1.12、1.14。对于钢管混凝土柱钢纤维部分增强高强混凝土中高剪力墙，钢纤维的掺入使剪力墙的受弯承载力有明显提高，但当钢纤维掺加高度超过剪力墙高度的 60%时，再增大钢纤维掺加高度，其受弯承载力提高幅度较小。因此，对受弯承载力而言，在剪力墙高度的 60%范围内掺入钢纤维即可达到较好的增强效果。

(3)混凝土强度。

试验表明，随着混凝土强度的提高，钢管混凝土柱钢纤维高强混凝土中高剪力墙受弯承载力随之增大，见图 5-1(c)。钢纤维混凝土强度设计等级为

CF40、CF60、CF80时，钢管混凝土柱钢纤维高强混凝土中高剪力墙的F_t/F_0值分别为1.00、1.22、1.40。

(4)轴压比。

试验表明，剪力墙受弯承载力随轴压比的提高而有所提高，见图5-1(d)。轴压比从0.1提高到0.2时，钢管混凝土柱钢纤维高强混凝土中高剪力墙的F_t/F_0值从1增至1.13。

5.3 钢管混凝土柱钢纤维高强混凝土中高剪力墙受弯承载力计算方法

5.3.1 基本假定

根据3.2.4部分的分析，钢管混凝土柱钢纤维高强混凝土中高剪力墙以弯曲破坏为主，属于大偏心受压[184-185]。在受拉区，当钢管屈服时，中间墙体受拉区竖向分布钢筋大部分屈服，应通过计算确定受拉区竖向分布钢筋的屈服范围；受压区钢管受压屈服直至屈曲。在剪力墙正截面受弯承载力计算中可做如下假设：

(1)受压区钢管内混凝土全部受压破坏，钢管受压屈曲甚至撕裂，钢管的作用主要体现在对管内混凝土的约束增强，因此引入混凝土强度提高系数δ，而忽略钢管的受压作用。

(2)截面应变符合平截面假定。

(3)按照压应力合力大小不变、压应力合力对中和轴的力矩不变[264]的原则，将中间墙体受压区混凝土压应力图简化为等效矩形应力图[201]。等效矩形应力图由无量纲系数α和β来确定。其中，等效受压区高度为受压区实际高度x乘以系数β，压应力为混凝土棱柱体轴心抗压强度f_c乘以系数α。

(4)由于钢纤维的加入承担了受拉区混凝土裂缝间的拉应力[210]，因此计算承载力时应计入中间墙体受拉区钢纤维混凝土的抗拉能力。按照拉应力的合力大小不变、拉应力合力对中和轴的力矩不变[265]的原则，将受拉区钢纤维混凝土实际拉应力图简化为等效矩形应力图。

(5)剪力墙破坏时，受拉区钢管达到了屈服强度，忽略受拉区钢管内普通混凝土的抗拉能力。

(6)钢管混凝土边框柱与中间墙体之间的连接良好，未发生滑移；墙体内分布钢筋与钢纤维混凝土黏结良好，未发生黏结破坏。

5.3.2　材料本构模型

选取的钢纤维混凝土轴压应力—应变关系模型如下[266]：

$$
\begin{cases}
\sigma_c = f_c\left[\alpha_c \dfrac{\varepsilon_c}{\varepsilon_0} + (3 - 2\alpha_c)\left(\dfrac{\varepsilon_c}{\varepsilon_0}\right)^2 + (\alpha_c - 2)\left(\dfrac{\varepsilon_c}{\varepsilon_0}\right)^3\right] \quad (\varepsilon_c \leqslant \varepsilon_0) \\
\sigma_c = f_c \dfrac{\dfrac{\varepsilon_c}{\varepsilon_0}}{\alpha_d\left(\dfrac{\varepsilon_c}{\varepsilon_0} - 1\right)^2 + \dfrac{\varepsilon_c}{\varepsilon_0}} \quad (\varepsilon_c > \varepsilon_0) \\
\alpha_c = E_c(1.3 + 0.014f_c + 0.96\rho_f l_f/d_f) \times 10^3/f_c \\
\alpha_d = (1.4 + 0.012f_c^{1.45})\left[1 - 0.8(\rho_f l_f/d_f)^{0.298}\right]
\end{cases}
\tag{5-1}
$$

式中，σ_c 为钢纤维混凝土压应力；ε_c 为钢纤维混凝土压应变；ε_0 为钢纤维混凝土峰值压应变。

墙体竖向分布钢筋受拉应力—应变关系采用如下表达式：

$$\sigma_s = E_s\varepsilon_s \tag{5-2}$$

式中，σ_s 为钢筋的拉应力。

剪力墙破坏时，靠近受拉区钢管的墙体部分竖向分布钢筋的拉应力达到了屈服强度 f_{yv}，即

$$\sigma_s = f_{yv} \tag{5-3}$$

5.3.3　剪力墙受弯承载力计算方法

根据 5.3.1 的基本假定，剪力墙截面应力—应变分布及其等效图形如图 5-2 所示。

假定受压区高度为 x，则中间墙体受压区任一处的压应变 ε_c 为：

$$\varepsilon_c = \frac{\varepsilon_{cu}}{x}y \tag{5-4}$$

式中，ε_{cu} 为钢纤维混凝土的极限压应变。

ε_0 和 ε_{cu} 可按文献[201]取值：

$$\varepsilon_0 = 0.002 + 0.5(f_{cu} - 50) \times 10^{-5} \geqslant 0.002 \tag{5-5}$$

$$\varepsilon_{cu} = 0.0033 - (f_{cu} - 50) \times 10^{-5} \leqslant 0.0033 \tag{5-6}$$

对式(5-4)两边求导，可以得到受压区某一单元微压应变 $d\varepsilon_c$：

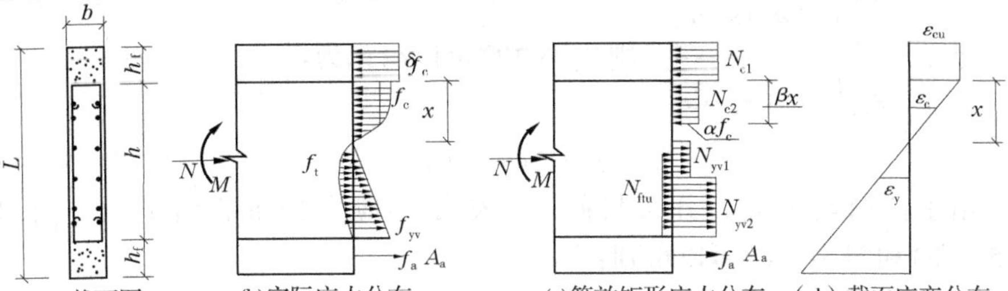

(a)截面图　(b)实际应力分布　(c)等效矩形应力分布　(d) 截面应变分布

图 5-2　剪力墙截面应力应变分布

$$d\varepsilon_c = \frac{\varepsilon_{cu}}{x}dy \tag{5-7}$$

则受压区钢纤维混凝土合力 C 为：

$$C = b\int_0^x \sigma_c(\varepsilon_c)dy = b\frac{x}{\varepsilon_{cu}}\int_0^{\varepsilon_{cu}} \sigma_c(\varepsilon_c)d\varepsilon_c \tag{5-8}$$

C 对中和轴的弯矩为：

$$y_c C = b\int_0^x \sigma_c(\varepsilon_c)ydy = b\left(\frac{x}{\varepsilon_{cu}}\right)^2\int_0^{\varepsilon_{cu}} \sigma_c(\varepsilon_c)\varepsilon_c d\varepsilon_c \tag{5-9}$$

式中，y_c 为受压区钢纤维混凝土合力作用点到中和轴的距离。

将式(5-8)代入式(5-9)可以求得 y_c：

$$y_c = \frac{x}{\varepsilon_{cu}}\frac{\int_0^{\varepsilon_{cu}} \sigma_c(\varepsilon_c)\varepsilon_c d\varepsilon_c}{\int_0^{\varepsilon_{cu}} \sigma_c(\varepsilon_c)d\varepsilon_c} \tag{5-10}$$

由图 5-2(b)和图 5-2(c)可以得到：

$$L - h_f - (x - y_c) = L - h_f - \frac{\beta x}{2} \tag{5-11}$$

式中，L 为墙截面整体高度；h_f 为钢管混凝土边框柱沿墙截面高度。

将式(5-10)代入式(5-11)可以得到等效矩形应力分布受压区高度折减系数 β：

$$\beta = 2\left(1 - \frac{\int_0^{\varepsilon_{cu}} \sigma_c(\varepsilon_c)\varepsilon_c d\varepsilon_c}{\varepsilon_{cu}\int_0^{\varepsilon_{cu}} \sigma_c(\varepsilon_c)d\varepsilon_c}\right) \tag{5-12}$$

令 $k = \dfrac{\int_0^{\varepsilon_{cu}} \sigma_c(\varepsilon_c)\varepsilon_c \mathrm{d}\varepsilon_c}{\varepsilon_{cu}\int_0^{\varepsilon_{cu}} \sigma_c(\varepsilon_c)\mathrm{d}\varepsilon_c}$，则式(5-12)可以简化为：

$$\beta = 2(1 - k) \tag{5-13}$$

由于截面实际应力分布与截面等效矩形应力分布的面积相等，根据图 5-2(b)和图 5-2(c)可以得到：

$$\frac{x}{\varepsilon_{cu}}\int_0^{\varepsilon_{cu}} \sigma_c(\varepsilon_c)\mathrm{d}\varepsilon_c = \alpha f_c \beta x \tag{5-14}$$

将式(5-13)代入式(5-14)，可以得到等效矩形应力分布受压区混凝土抗压强度折减系数 α：

$$\alpha = \frac{\int_0^{\varepsilon_{cu}} \sigma_c(\varepsilon_c)\mathrm{d}\varepsilon_c}{2(1 - k)\varepsilon_{cu} f_c} \tag{5-15}$$

由图 5-2(c)，根据力平衡条件有：

$$N = N_{yv1} + N_{yv2} + N_{ftu} + f_a A_a - N_{c1} - N_{c2} \tag{5-16}$$

根据弯矩平衡条件，对中间墙体受压区钢纤维混凝土合力作用点取矩，可得：

$$\begin{aligned} N\left(e_0 + \frac{L}{2} - \frac{h_f}{2} - \frac{\beta x}{2}\right) = {} & N_{yv2}\left[\frac{L}{2} - h_f + \left(\frac{1-\beta}{2} + \frac{\varepsilon_0}{\varepsilon_{cu}}\right)x\right] + \\ & N_{ftu}\left(\frac{L}{2} - h_f - \frac{\beta x}{2} + \frac{x}{2\beta}\right) + f_a A_a\left(L - \frac{3h_f}{2} - \frac{\beta x}{2}\right) + \\ & N_{c1}\left(\frac{h_f}{2} + \frac{\beta x}{2}\right) + N_{yv1}\left[\frac{\varepsilon_0 x}{2\varepsilon_{cu}} + \left(1 - \frac{\beta}{2}\right)x\right] \end{aligned} \tag{5-17}$$

式中，N_{c1} 为受压区钢管内混凝土合力，$N_{c1} = \delta f_c(b-2t)(h_f-2t)$，$\delta = 1.2$[185]；$N_{c2}$ 为中间墙体受压区钢纤维混凝土合力，$N_{c2} = \alpha f_c b\beta x$；$N_{yv1}$ 为中间墙体受拉区中和轴附近未屈服竖向分布钢筋合力，$N_{yv1} = \dfrac{1}{2}E_s\varepsilon_0\rho_{sv}b\dfrac{\varepsilon_0}{\varepsilon_{cu}}x$；$N_{yv2}$ 为中间墙体受拉区已屈服竖向分布钢筋合力，$N_{yv2} = f_{yv}\rho_{sv}b\left(L - 2h_f - x - \dfrac{\varepsilon_0}{\varepsilon_{cu}}x\right)$；$N_{ftu}$ 为中间墙体受拉区钢纤维混凝土合力，$N_{ftu} = f_{ftu}b\left(L - 2h_f - \dfrac{x}{\beta}\right)$，其中 f_{ftu} 为受拉区等效矩形应力图形的钢纤维混凝土抗拉强度，$f_{ftu} = f_t\beta_{tu}\lambda_f$，$\beta_{tu}$ 为钢纤维对构件正截面受拉区钢纤维混凝土抗拉作用的影响系数，对于本书采用的钢纤维，按照本书的试验结果，由式(5-16)、式(5-17)计算得到 β_{tu} 为 1.2 ~ 1.5，为便于

计算,统一取$\beta_{tu}=1.3$;N为剪力墙所受轴压力;e_0为偏心距,$e_0=\frac{M}{N}$,M为剪力墙试件破坏时的弯矩值;f_a为钢管混凝土边框柱所用钢材的抗拉强度。

剪力墙试件水平承载力F可按下式进行计算:

$$F=\frac{M}{H} \tag{5-18}$$

5.3.4　试验结果验证

表 5-1 列出了相关文献中 4 个剪力墙试件[184-185]和本书 7 个典型的钢管混凝土柱钢纤维高强混凝土中高剪力墙试件,涵盖了不同的钢管形状、几何尺寸、轴压比、混凝土强度和配筋率等,且有三个共同特点:①属于弯曲破坏;②属于单层悬臂剪力墙;③配置有水平和竖向分布钢筋,且均匀分布在整个墙体中。混凝土强度指标换算关系按照文献[68]计算。

根据式(5-18)等对表 5-1 的 11 个剪力墙试件的受弯承载力进行计算,并将计算值和试验值进行对比,结果见表 5-2,表中F_t、F_c分别为剪力墙试件受弯承载力试验值和计算值,试验值取正反向加载的平均值。11 个剪力墙试件受弯承载力试验值与计算值之比的均值为 1.099、均方差为 0.092、变异系数为 0.083。计算结果与试验值符合较好,说明本书所提出的剪力墙受弯承载力计算方法可用于钢管混凝土柱钢纤维高强混凝土剪力墙及钢管混凝土柱普通混凝土剪力墙受弯承载力的计算。

表 5-1　剪力墙试件基本情况表

试件编号	f_c(MPa)		H	$b\times h$	$h_f\times t$	n	水平分布钢筋		竖向分布钢筋		钢纤维	
	墙体	边框柱	(mm)	(mm×mm)	(mm×mm)		配筋量	f_{yh}(MPa)	配筋量	f_{yv}(MPa)	l_f/d_f	ρ_f(%)
CFST-1.5-00-C60	55.5	55.3	1 125	120×510	120×3.0	0.2	⌀6@100	369.17	12⌀6	369.17	—	—
CFST-1.5-05(H)-CF60	55.6	55.4	1 125	120×510	120×3.0	0.2	⌀6@100	369.17	12⌀6	369.17	64	0.5
CFST-1.5-10(H)-CF60	55.9	55.7	1 125	120×510	120×3.0	0.2	⌀6@100	369.17	12⌀6	369.17	64	1.0
CFST-1.5-15(H)-CF60	56.8	56.3	1 125	120×510	120×3.0	0.2	⌀6@100	369.17	12⌀6	369.17	64	1.5
CFST-1.5-10(H)-CF40	38.7	38.4	1 125	120×510	120×3.0	0.2	⌀6@100	369.17	12⌀6	369.17	64	1.0
CFST-1.5-10(H)-CF80	66.4	65.6	1 125	120×510	120×3.0	0.2	⌀6@100	369.17	12⌀6	369.17	64	1.0

续表 5-1

试件编号	f_c(MPa)		H (mm)	$b\times h$ (mm×mm)	$h_f\times t$ (mm×mm)	n	水平分布钢筋		竖向分布钢筋		钢纤维	
	墙体	边框柱					配筋量	f_{yh} (MPa)	配筋量	f_{yv} (MPa)	l_f/d_f	ρ_f (%)
CFST-1.5-10(H)-CF60(0.1)	55.6	55.4	1 125	120×510	120×3.0	0.1	⌀6@100	369.17	12⌀6	369.17	64	1.0
SW1.5-2[185]	34.8	34.8	1 110	140×460	159×3.7	0.35	Φ6@120	340	Φ4@80	360	—	—
SW2.0-2[185]	34.8	34.8	1 480	140×460	159×3.7	0.35	Φ6@120	340	Φ4@80	360	—	—
SW2(2.0)[184]	34.8	34.8	1 480	140×460	140×3.6	0.35	Φ6@120	340	Φ4@80	360	—	—
SW2(1.5)[184]	21.0	21.0	1 388	175×575	175×4.0	0.35	Φ4@37.5	360	Φ4@70	360	—	—

表 5-2　剪力墙试件受弯承载力计算结果与试验结果对比

试件编号	F_t(kN)	F_c(kN)	F_t/F_c
CFST-1.5-00-C60	487	495	0.984
CFST-1.5-05(H)-CF60	530	509	1.041
CFST-1.5-10(H)-CF60	556	530	1.049
CFST-1.5-15(H)-CF60	593	553	1.072
CFST-1.5-10(H)-CF40	456	439	1.039
CFST-1.5-10(H)-CF80	637	591	1.078
CFST-1.5-10(H)-CF60(0.1)	490	466	1.052
SW1.5-2[185]	591	551	1.073
SW2.0-2[185]	524	414	1.265
SW2(2.0)[184]	540	438	1.232
SW2(1.5)[184]	761	630	1.208

需要说明的是,本章的钢管混凝土柱钢纤维高强混凝土剪力墙属于剪跨比 1.5 的中高剪力墙,所收集的钢管混凝土柱普通混凝土剪力墙试验数据也属于剪跨比大于等于 1.5 的中高剪力墙及高剪力墙。因此,本章所建立的剪力墙受弯承载力计算方法是否适用于其他剪力墙有待进一步验证。

5.4 小　结

本章研究了钢管混凝土柱钢纤维高强混凝土中高剪力墙受弯机制及受弯承载力计算方法,探讨了钢纤维体积率、钢纤维掺加高度、混凝土强度和轴压比等对剪力墙受弯承载力的影响,提出了钢管混凝土柱钢纤维高强混凝土剪力墙受弯承载力计算方法。主要结论如下:

(1)随钢纤维体积率、钢纤维掺加高度、混凝土强度以及轴压比在一定范围内的增加,钢管混凝土柱钢纤维高强混凝土中高剪力墙受弯承载力不断提高。

(2)基于钢管混凝土柱钢纤维高强混凝土中高剪力墙的受弯破坏特点,考虑钢管和钢纤维的作用,选用合适的材料本构模型,建立了钢管混凝土柱钢纤维高强混凝土剪力墙受弯承载力计算方法。

第6章 钢管混凝土柱钢纤维高强混凝土剪力墙恢复力性能计算方法

6.1 引 言

恢复力性能计算是进行结构弹塑性动力分析的基础。目前,国内外学者对钢筋混凝土剪力墙恢复力性能进行了较多研究[10,267-270],对钢管混凝土边框普通混凝土剪力墙[184,185]和纤维混凝土剪力墙[172,271-273]恢复力性能的研究也有涉及,但对钢管混凝土柱钢纤维高强混凝土剪力墙恢复力性能的计算至今鲜有报道。本章以钢管混凝土柱钢纤维高强混凝土中高剪力墙的试验结果为基础,给出了带下降段的四线性骨架曲线及各关键点的计算公式,分析了其滞回规则和卸载刚度,建立了适用于钢管混凝土柱钢纤维高强混凝土中高剪力墙的恢复力性能计算方法。

6.2 恢复力性能计算方法

由 3.3.1 部分及 3.3.2 部分的试验结果可知,钢纤维体积率、混凝土强度和轴压比是影响钢管混凝土柱钢纤维高强混凝土中高剪力墙恢复力性能的主要因素。将 3.3.2 部分中 7 个典型的钢管混凝土柱钢纤维高强混凝土中高剪力墙试件的骨架曲线相对于其屈服点进行无量纲处理,得到图 6-1 的规格化骨架曲线。由图 6-1 可见,钢管混凝土柱钢纤维高强混凝土中高剪力墙骨架曲线可简化为正负向对称的四折线形式,由弹性段、屈服段、峰值段和下降段组成,A、B、C 和 D 分别为骨架曲线的开裂点(P_{cr}、Δ_{cr})、屈服点(P_y、Δ_y)、峰值点(P_m、Δ_m) 和极限点(P_u、Δ_u)[168],如图 6-2 所示。钢纤维体积率、混凝土强度和轴压比对剪力墙骨架曲线的影响可通过开裂点、屈服点、峰值点和极限点四个特征点处的荷载和位移值反映。

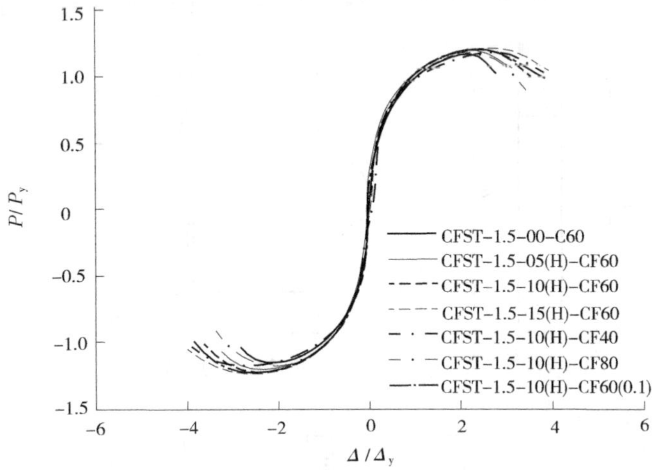

图 6-1　剪力墙试件规格化骨架曲线

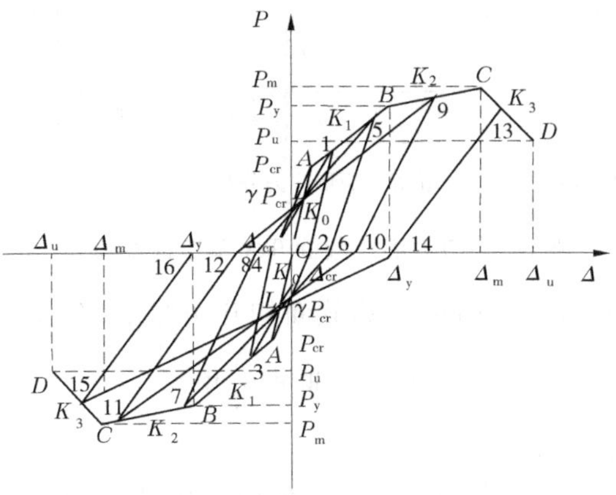

图 6-2　剪力墙四折线骨架曲线模型

6.2.1　骨架曲线特征点计算

6.2.1.1　开裂点的荷载及位移

钢管混凝土柱钢纤维高强混凝土中高剪力墙即将开裂时，中间墙体受拉区边缘钢纤维混凝土达到极限拉应变 ε_{tu}，受拉区的应力分布为曲线，受压区混凝土的应变相对较小，处于弹性状态，应力分布为线性。由此得到钢管混凝土柱钢纤维高强混凝土中高剪力墙的开裂弯矩计算模型如图 6-3 所示。

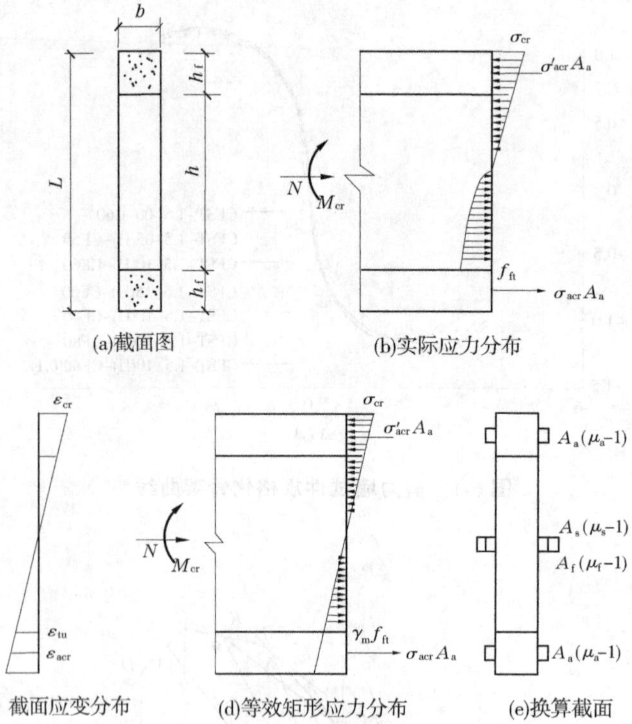

图 6-3　剪力墙正截面开裂弯矩计算模型

根据力矩平衡条件,可得剪力墙截面的开裂弯矩 M_{cr} 为[274]:

$$M_{cr}=f_{ft}W+\frac{N}{A}W \tag{6-1}$$

式中,W 为弹塑性抵抗矩。

由于受拉区应力分布为曲线,按式(6-1)直接计算 M_{cr} 较为困难。为计算简便,可按等效换算的方法[275],在保持 M_{cr} 值不变的情况下,将受拉区曲线分布应力图折算为线性分布应力图,如图 6-3(d)所示。受拉区钢纤维混凝土边缘拉应力被折算为 $\gamma_m f_{ft}$,γ_m 为剪力墙截面受拉区钢纤维混凝土抵抗矩塑性影响系数,此处取 $\gamma_m=1.55$[201,276]。将钢管、竖向分布钢筋和钢纤维的面积折算为具有相同弹性模量的混凝土面积,这样就可将钢管混凝土柱钢纤维高强混凝土中高剪力墙视为均质弹性体,从而使用弹性应力图代替塑性应力图建立剪力墙截面 M_{cr} 计算式:

$$M_{cr}=\gamma_m f_{ft}W_0+\frac{N}{A_0}W_0 \tag{6-2}$$

式中,A_0 为换算截面面积;W_0 为换算截面 A_0 对剪力墙截面受拉区钢纤维混凝土边缘的弹性抵抗矩。

式(6-2)中的 A_0 可按下式计算:

$$A_0 = bL + 2(\mu_a - 1)A_a + (\mu_s - 1)A_s + (\mu_f - 1)A_f \tag{6-3}$$

式中,A_s 为竖向分布钢筋截面面积;A_f 为钢纤维截面面积,$A_f = \eta_f bh\rho_f$, η_f 为钢纤维的有效系数, $\eta_f = 0.16$[145];μ_a、μ_s 和 μ_f 分别为钢管、竖向分布钢筋和钢纤维的弹性模量与混凝土弹性模量的比值。

W_0 可按下式计算:

$$W_0 = \frac{I_0}{L - x_0} \tag{6-4}$$

式中,I_0 为换算截面对其重心轴的惯性矩;x_0 为换算截面重心至受压区边缘的距离。x_0 和 I_0 可分别按下式进行计算:

$$x_0 = \frac{bL\dfrac{L}{2} + (\mu_a - 1)A_aL + (\mu_s - 1)A_s\dfrac{L}{2} + (\mu_s - 1)A_f\dfrac{L}{2}}{A_0} \tag{6-5}$$

$$I_0 = \frac{1}{12}bL^3 + A_a(\mu_a - 1)\left(x_0 - \frac{h_f}{2}\right)^2 + A_a(\mu_a - 1)\left(L - x_0 - \frac{h_f}{2}\right)^2 + A_s(\mu_s - 1)\left(x_0 - \frac{L}{2}\right)^2 + A_f(\mu_f - 1)\left(x_0 - \frac{L}{2}\right)^2 \tag{6-6}$$

联立式(6-2)~式(6-6),可求得剪力墙截面开裂弯矩 M_{cr},则开裂荷载 P_{cr} 为:

$$P_{cr} = \frac{M_{cr}}{H} \tag{6-7}$$

开裂位移 Δ_{cr} 可按下式进行计算:

$$\Delta_{cr} = \frac{P_{cr}H^3}{3E_cI_0} \tag{6-8}$$

则剪力墙截面的初始刚度为:

$$K_0 = \frac{P_{cr}}{\Delta_{cr}} \tag{6-9}$$

开裂后,由受压区和受拉区对中和轴的面积矩相等[29],可列出换算截面重心至受压区边缘的距离 x_{cr} 的计算方程式为:

$$\frac{1}{2}bx_{cr}^2 + A_a(\mu_a - 1)\left(x_{cr} - \frac{h_f}{2}\right) + (\mu_s - 1)\rho_{sv}b\left(\frac{x_{cr} - h_f}{2}\right)^2 = A_a(\mu_a - 1)\left(L - x_{cr} - \frac{h_f}{2}\right) + (\mu_s - 1)\rho_{sv}b\frac{(L - x_{cr} - h_f)^2}{2} + (\mu_f - 1)\eta_f\rho_f b\frac{(L - x_{cr} - h_f)^2}{2} \tag{6-10}$$

求得 x_{cr},则开裂惯性矩 I_{cr} 为[29]:

$$I_{cr}=\frac{1}{12}bx_{cr}^3+A_a(\mu_a-1)\left(x_{cr}-\frac{h_f}{2}\right)^2+(\mu_s-1)\rho_{sv}b\frac{(x_{cr}-h_f)^3}{4}+$$
$$A_a(\mu_a-1)(L-x_{cr}-\frac{h_f}{2})^2+(\mu_s-1)\rho_{sv}b\frac{(L-x_{cr}-h_f)^3}{4}+$$
$$(\mu_f-1)\eta_f\rho_f b\frac{(L-x_{cr}-h_f)^3}{4} \tag{6-11}$$

6.2.1.2 屈服点的荷载及位移

屈服点计算时,采用以下基本假定:①钢管混凝土柱钢纤维高强混凝土中高剪力墙试件的受拉区钢管整体屈服时,剪力墙试件达到屈服状态,此时对应屈服弯矩 M_y。②截面应变符合平截面假定,如图 6-4 所示。③墙体受压区混凝土边缘最大压应变小于峰值压应变,仍处于弹性状态,受压区混凝土应力分布为线性。④钢管和钢筋按理想弹塑性模型计算。

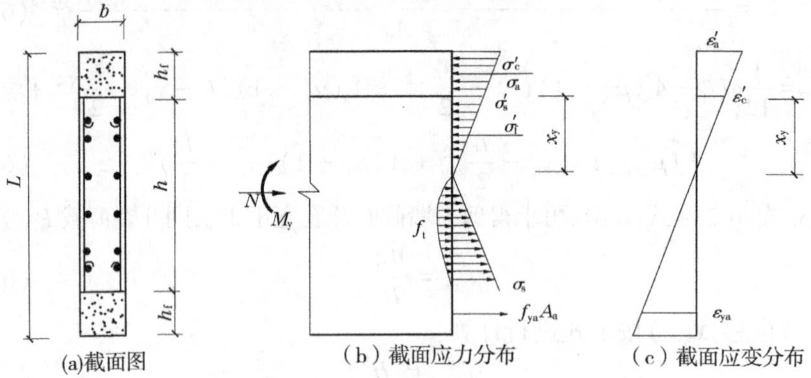

图 6-4 剪力墙屈服时截面应力应变分布

由图 6-4 可知,根据力平衡条件有:

$$\sigma_a A_a+\sigma'_c(h_f-2t)b+\sigma'_f bx_y+\frac{1}{2}\sigma'_s\rho_{sv}bx_y=$$
$$N+f_{ya}A_a+\frac{1}{2}\rho_{sv}b\sigma_s(L-2h_f-x_y)+\frac{1}{2}f_{ftu}b(L-2h_f-x_y) \tag{6-12}$$

根据力矩平衡条件,可得:

$$N(e_0-\frac{L}{2}+h_f+\frac{1}{2}x_y)=\sigma_a A_a(\frac{x_y}{2}+\frac{h_f}{2})+\sigma'_c(h_f-2t)b(\frac{x_y}{2}+\frac{h_f}{2})+$$
$$\frac{1}{2}\sigma'_f bx_y^2+\frac{1}{4}\sigma'_s\rho_{sv}bx_y^2+f_{ya}A_a(L-2h_f-x_y)+$$

$$\frac{1}{4}\sigma_s\rho_{sv}b(L-2h_f-x_y)^2+f_{ftu}b(L-2h_f-x_y)^2 \tag{6-13}$$

式中，σ_a 为受压区钢管应力，$\sigma_a=E_a(\frac{\varepsilon_c'+\varepsilon_a'}{2})$；$\varepsilon_a'$为受压区边缘钢管的应变；$\varepsilon_c'$为剪力墙墙体受压区边缘混凝土的应变；$\sigma_c'$为受压区钢管内混凝土的应力，$\sigma_c'=E_c(\frac{\varepsilon_c'+\varepsilon_a'}{2})$；$\sigma_s$ 为受拉区分布钢筋的应力，$\sigma_s=E_s\varepsilon_{ya}$；$\sigma_s'$ 为受压区分布钢筋的应力，$\sigma_s'=E_s\varepsilon_c'$；$\sigma_f'$ 为受压区钢纤维的应力，$\sigma_f'=E_{sf}\frac{\varepsilon_c'}{2}$。

由平截面假定，可得：

$$\frac{x_y}{L-2h_f-x_y}=\frac{\varepsilon_c'}{\varepsilon_{ya}},\quad\frac{x_y+h_f}{L-2h_f-x_y}=\frac{\varepsilon_a'}{\varepsilon_{ya}} \tag{6-14}$$

式中，ε_{ya} 为受拉区钢管的屈服应变。

联立式(6-12)~式(6-14)，可得：

$$M_y=Ne_0 \tag{6-15}$$

则屈服荷载 P_y 为：

$$P_y=\frac{M_y}{H} \tag{6-16}$$

屈服位移可按下式进行计算：

$$\Delta_y=\frac{P_yH^3}{3E_cI_y} \tag{6-17}$$

I_y 为屈服惯性矩，可在 I_0 和 I_{cr} 之间插值计算[29]，即

$$I_y=\left(\frac{M_{cr}}{M_y}\right)^3I_0+\left[1-\left(\frac{M_{cr}}{M_y}\right)^3\right]I_{cr} \tag{6-18}$$

6.2.1.3 峰值点的荷载及位移

峰值点荷载 P_m 可按5.3节提出的方法进行计算。

峰值点位移 Δ_m 可由屈服后刚度计算，即

$$\Delta_m=\frac{1}{K_2}(P_m-P_y)+\Delta_y \tag{6-19}$$

式中，K_2 为屈服后刚度，通过对本书试验结果的统计分析，可得 $K_2=0.014\,2K_0$。

6.2.1.4 极限点的荷载及位移

定义 P_u 为：

$$P_u = 0.85P_m \tag{6-20}$$

Δ_u 由退化段刚度计算，即

$$\Delta_u = \frac{-1}{K_3}(P_u - P_m) + \Delta_m \tag{6-21}$$

式中，K_3 为退化段刚度，通过对本书试验结果的统计分析，可得 $K_3 = 0.021\,9K_0$。

6.2.2　滞回规则

6.2.2.1　卸载刚度

3.3.1 部分的分析结果显示，钢管混凝土柱钢纤维高强混凝土中高剪力墙试件开裂前，加、卸载曲线基本为直线，刚度变化较小，加卸载刚度与 K_0 相同；开裂后，卸载刚度 K_{un} 值不断减小，剪力墙相对卸载刚度退化曲线如图 6-5 所示。其中，K_{un} 值取滞回环正反向峰值点与卸载到荷载零点直线斜率的平均值。可以看出，K_{un}/K_0 与 Δ/Δ_y 的曲线为幂函数方程，K_{un} 的计算式可表示为：

$$K_{un} = K_0 a_k \left(\frac{\Delta}{\Delta_y}\right)^{b_k} \tag{6-22}$$

式中，a_k、b_k 可分别由试验结果统计分析得到，$a_k = 0.022 + 0.075n + 0.012\lambda_f$，$b_k = -0.692 + 0.366n + 0.005\lambda_f$，$a_k$、$b_k$ 主要与钢纤维含量特征值和轴压比有关。

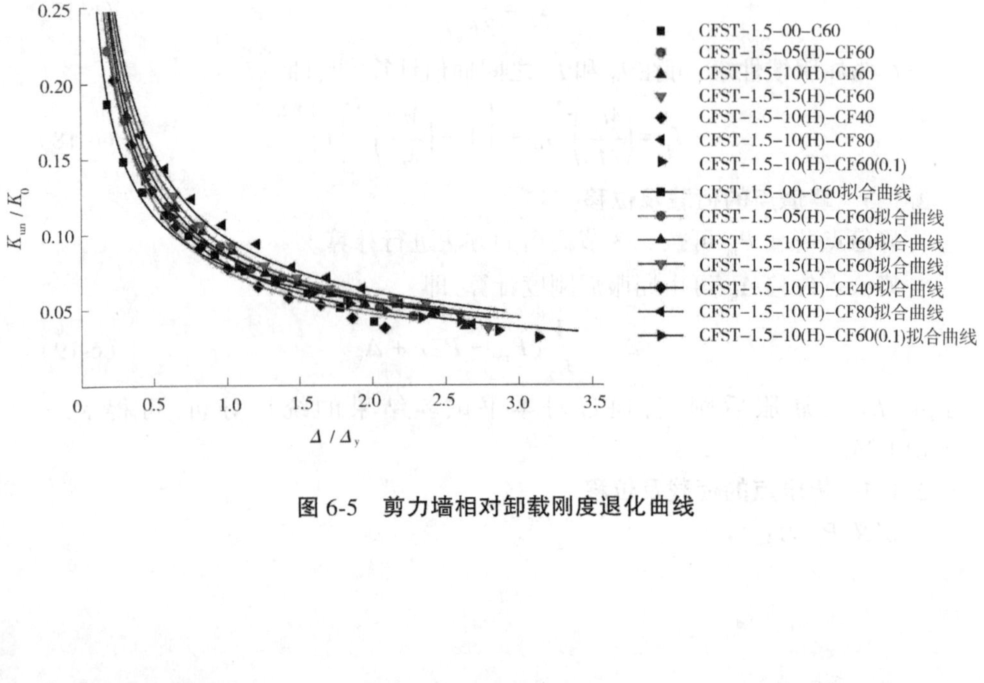

图 6-5　剪力墙相对卸载刚度退化曲线

6.2.2.2　再加载路径

试验表明,钢管混凝土柱钢纤维高强混凝土中高剪力墙荷载—位移滞回曲线在开裂后的正反向再加载路线基本指向骨架曲线上纵坐标为 γP_{cr} 的点,如图6-6所示。其中,γ 是由试验结果统计分析得到的,可以看出 γ 主要与钢纤维含量特征值和轴压比有关:

$$\left.\begin{aligned}\gamma_{正向} &= 0.33 + 0.074\lambda_f + 0.239n\\ \gamma_{负向} &= 0.40 + 0.063\lambda_f + 0.574n\end{aligned}\right\} \tag{6-23}$$

综上所述,考虑剪力墙钢纤维体积率、混凝土强度和轴压比影响的钢管混凝土柱钢纤维高强混凝土中高剪力墙四折线定点指向型恢复力模型,其滞回规则如下:

(1)剪力墙开裂之前为弹性段,正反向加载刚度取初始刚度 K_0(OA 段)。

(2)剪力墙开裂之后,加载路径沿骨架曲线进行($A \rightarrow B$ 段),K_{un} 值按式(6-22)计算卸载至零荷载点(1→2)。

(3)反向加载时,若剪力墙未开裂,加载路径指向反向开裂点($2 \rightarrow A$);若剪力墙反向超越开裂点,反向加载路径从正向零荷载点指向骨架曲线坐标 γP_{cr} 点($2 \rightarrow L \rightarrow 3$),$\gamma$ 值按式(6-23)计算,K_{un} 值按式(6-22)计算(3→4),正向再加载路径由反向零荷载点指向 L 点($4 \rightarrow L \rightarrow 1$);之后正向加载路径沿骨架曲线进行(1→5)。

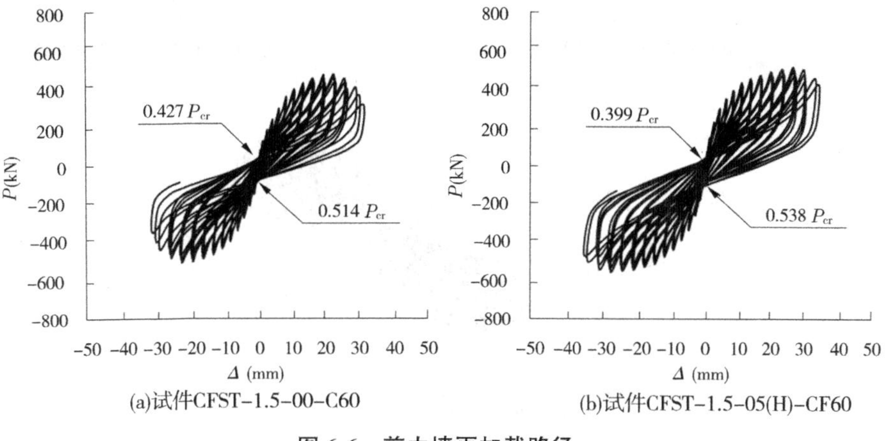

图6-6　剪力墙再加载路径

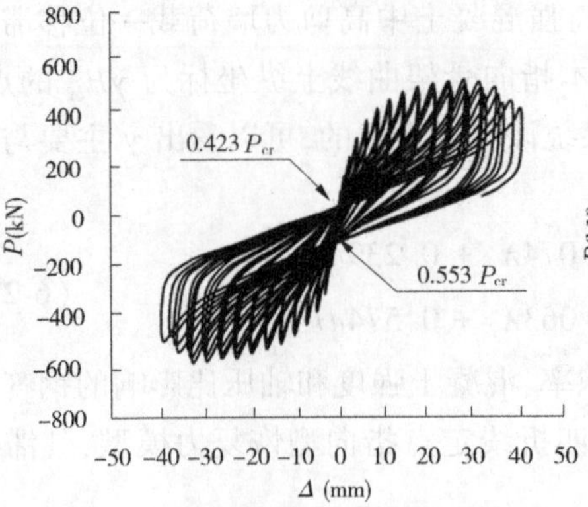

(c)试件CFST-1.5-10(H)-CF60

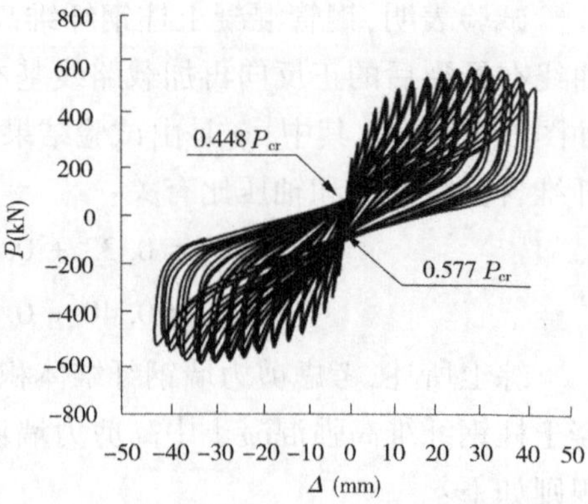

(d)试件CFST-1.5-1.5(H)-CF60

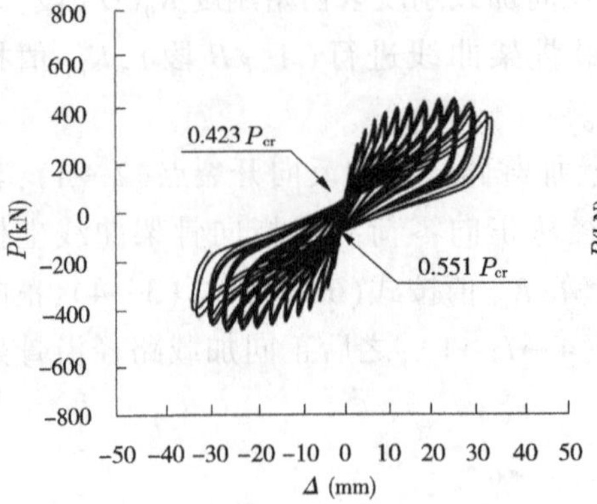

(e)试件CFST-1.5-10(H)-CF40

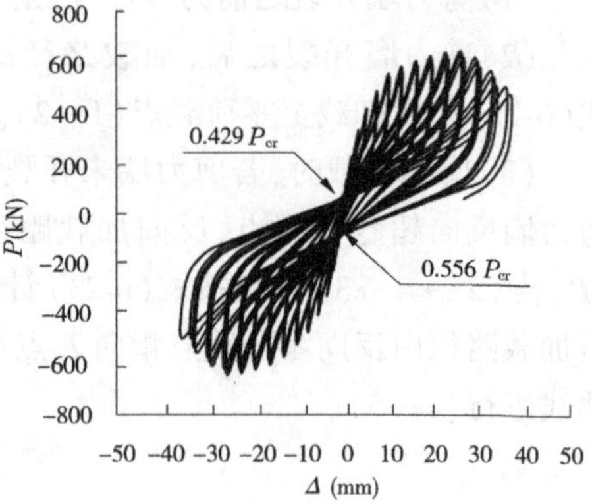

(f)试件CFST-1.5-10(H)-CF80

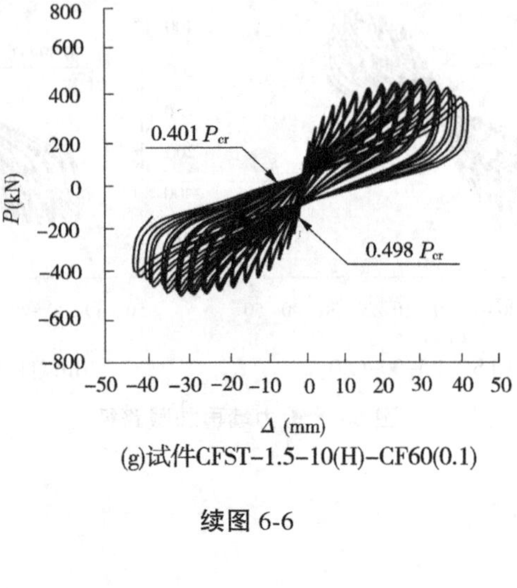

(g)试件CFST-1.5-10(H)-CF60(0.1)

续图 6-6

6.3　恢复力性能计算验证

利用建立的钢管混凝土柱钢纤维高强混凝土中高剪力墙恢复力模型对本书 7 个典型的剪力墙试件进行计算，计算的骨架曲线及滞回曲线与试验结果的对比分别见图 6-7 和图 6-8，计算结果与试验结果吻合较好。

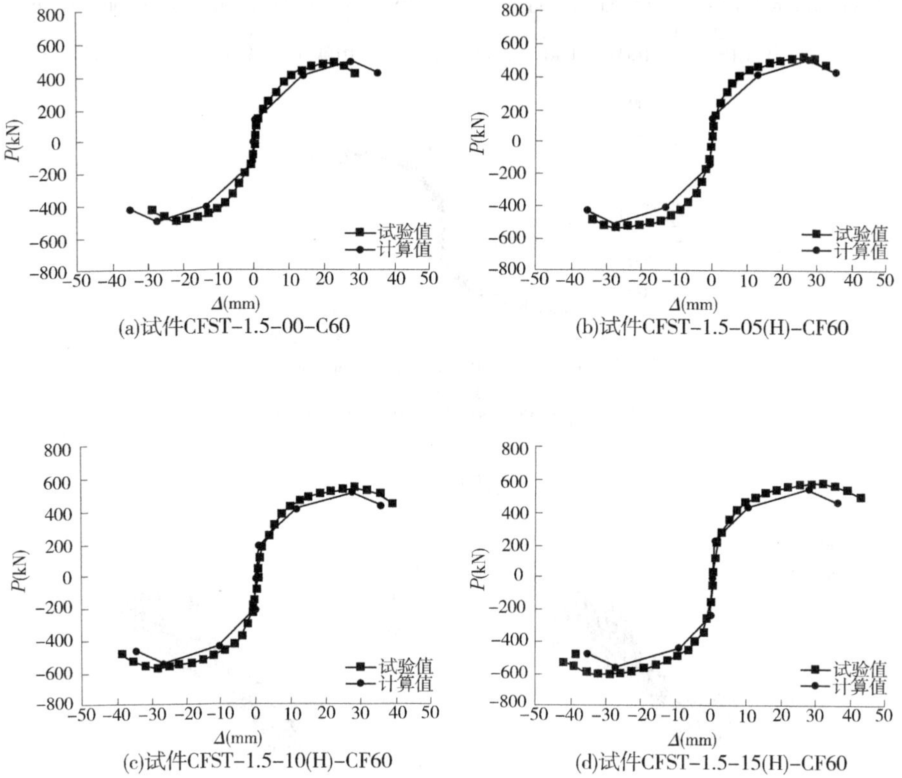

(a)试件CFST-1.5-00-C60　(b)试件CFST-1.5-05(H)-CF60

(c)试件CFST-1.5-10(H)-CF60　(d)试件CFST-1.5-15(H)-CF60

图 6-7　剪力墙骨架曲线计算值与试验值对比

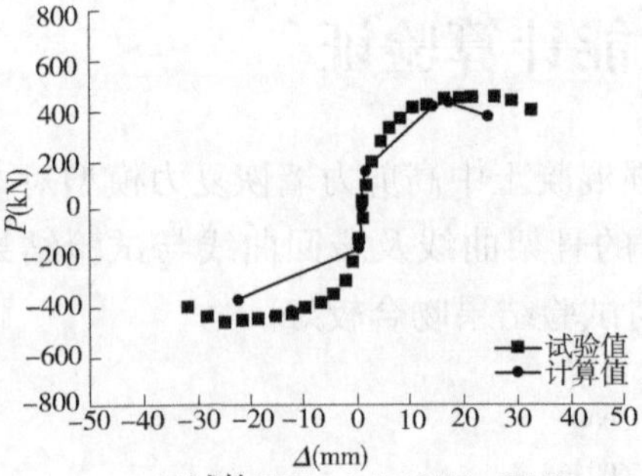

(e)试件CFST-1.5-10(H)-CF40

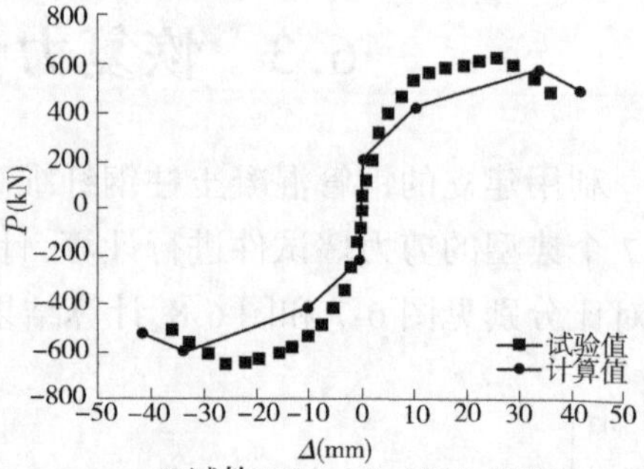

(f)试件CFST-1.5-10(H)-CF80

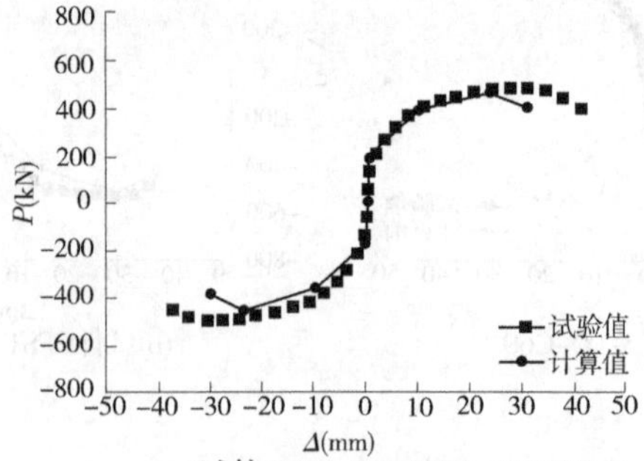

(g)试件CFST-1.5-10(H)-CF60(0.1)

续图 6-7

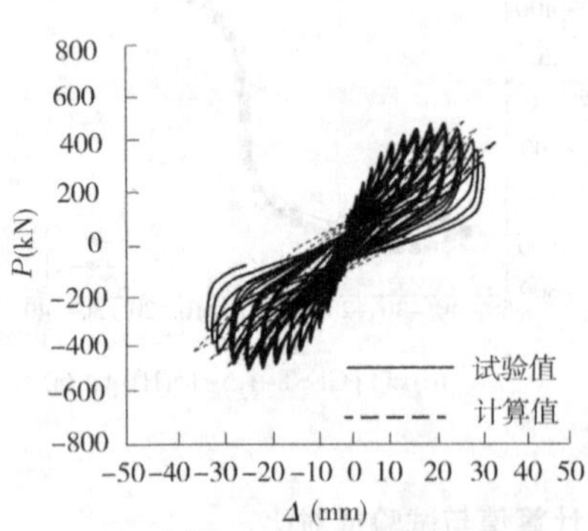

(a)试件CFST-1.5-00-C60

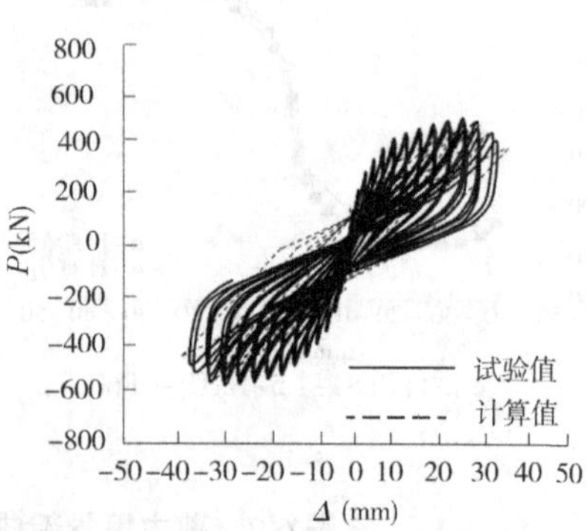

(b)试件CFST-1.5-05(H)-CF60

图 6-8　剪力墙滞回曲线计算值与试验值对比

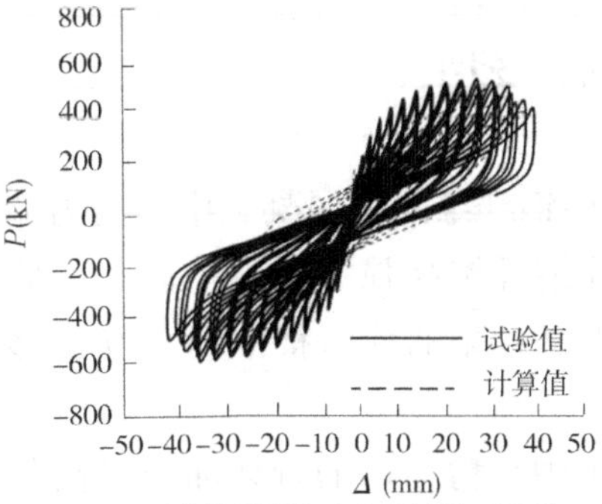

(c)试件CFST-1.5-10(H)-CF60

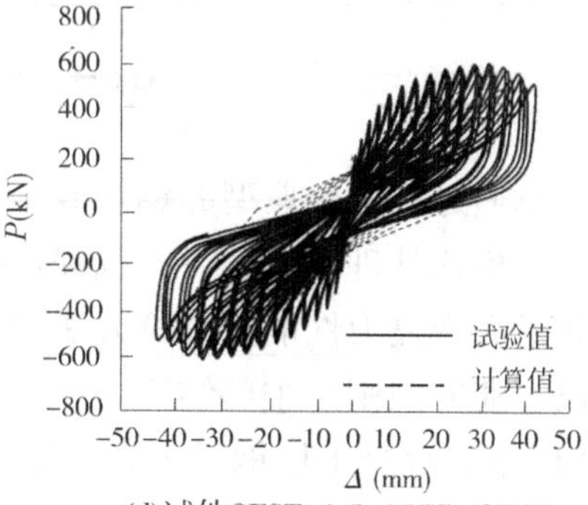

(d)试件CFST-1.5-15(H)-CF60

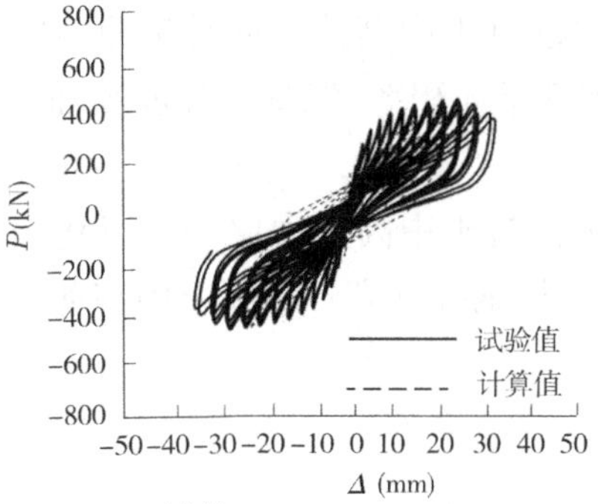

(e)试件CFST-1.5-10(H)-CF40

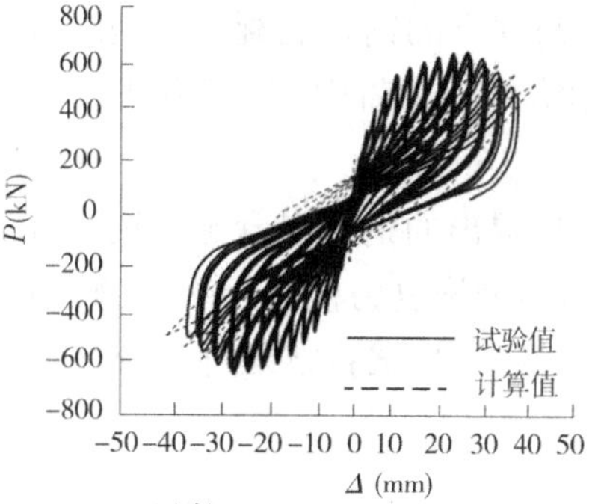

(f)试件CFST-1.5-10(H)-CF80

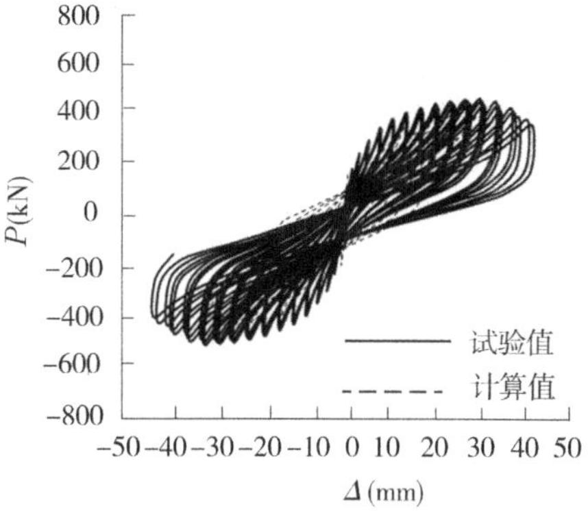

(g)试件CFST-1.5-10(H)-CF60(0.1)

续图 6-8

6.4 小　结

本章通过对 7 个典型的钢管混凝土柱钢纤维高强混凝土中高剪力墙骨架曲线的规格化处理,研究了钢管混凝土柱钢纤维高强混凝土中高剪力墙在循环荷载下的恢复力性能及计算方法,提出了骨架曲线特征点荷载和位移的计算式以及滞回规则。主要结论如下:

(1)钢管混凝土柱钢纤维高强混凝土中高剪力墙的骨架曲线可简化为正负向对称的四折线形式,由弹性段、屈服段、峰值段和下降段组成。

(2)建立的钢管混凝土柱钢纤维高强混凝土中高剪力墙骨架曲线特征点荷载和位移、卸载刚度计算方法考虑了钢纤维体积率、混凝土强度和轴压比的影响。

(3)提出的钢管混凝土柱钢纤维高强混凝土中高剪力墙刚度退化四折线定点指向型恢复力模型反映了钢管混凝土柱钢纤维高强混凝土中高剪力墙恢复力的特点,与试验结果符合较好。

第 7 章　结论与展望

7.1　主要结论

本书通过 22 个钢管混凝土柱钢纤维高强混凝土剪力墙试件的循环加载试验，分析了钢管混凝土柱钢纤维高强混凝土剪力墙的破坏特征、荷载—位移滞回曲线、延性、耗能、强度退化和刚度退化等抗震性能；研究了钢管混凝土柱钢纤维高强混凝土低矮剪力墙的受剪机制和影响受剪承载力的因素，利用钢纤维分布、软化桁架模型、软化拉压杆模型和简化软化拉压杆模型，分别建立了钢管混凝土柱钢纤维高强混凝土低矮剪力墙受剪承载力计算方法，并与现行规程剪力墙受剪承载力计算公式进行了对比分析；探讨了钢管混凝土柱钢纤维高强混凝土中高剪力墙的受弯破坏特点和影响受弯承载力的因素，建立了钢管混凝土柱钢纤维高强混凝土中高剪力墙受弯承载力计算方法；以钢管混凝土柱钢纤维高强混凝土中高剪力墙的试验结果为基础，给出了其四线性骨架曲线及各关键点的计算公式，分析了其滞回规则和卸载刚度，建立了适用于钢管混凝土柱钢纤维高强混凝土中高剪力墙恢复力性能的计算方法；本书的研究结果为编制我国行业标准《钢纤维混凝土结构设计标准》提供了试验数据和理论参考。主要结论如下：

(1)钢管混凝土柱钢纤维高强混凝土低矮剪力墙的破坏模式为剪切破坏；剪力墙墙体的裂缝主要为典型的斜裂缝，钢纤维可有效限制墙体混凝土的裂缝宽度，改善裂缝形态；随着钢纤维体积率的增大，剪力墙墙体裂缝明显变细、变密，裂缝分布域显著增加，墙体混凝土压碎剥落的量明显减少；钢管混凝土柱钢纤维高强混凝土中高剪力墙主要为弯曲破坏，属于大偏心受压。中高剪力墙墙体的裂缝主要为典型的弯剪裂缝，钢纤维可有效限制墙体混凝土的裂缝宽度，改善裂缝形态，随着钢纤维体积率的增大，中高剪力墙墙体裂缝总体上呈现细、密特征，墙体混凝土压碎剥落的量明显减少。

(2)钢管混凝土柱钢纤维高强混凝土剪力墙的滞回曲线存在“捏缩”现象，且低矮剪力墙滞回曲线的“捏缩”现象较中高剪力墙更加明显。与钢筋混凝土剪力墙相比，钢管混凝土柱剪力墙的峰值荷载和峰值位移较大，滞回环更为饱满,总的循环加载次数较多;随着钢纤维体积率的增大,钢管混凝土柱钢纤维高强混凝土剪力墙的滞回曲线趋向饱满,总的加载循环次数也有所增多,承载力、延性和耗能能力明显提高,强度和刚度退化变缓。与不掺加钢纤维的低矮剪力墙相比,钢纤维体积率为 0.5%、1.0%和 1.5%低矮剪力墙的受剪承载力分别提高了 4.43%、12.71%和 18.62%,位移延性分别提高了 11.96%、27.75%和 36.84%,累积滞回耗能分别提高了 29.92%、81.70%和 229.57%;与不掺加钢纤维的中高剪力墙相比,钢纤维体积率为 0.5%、1.0%和 1.5%中高剪力墙的受弯承载力分别提高了 8.83%、14.17%和 21.77%,位移延性分别提高了 12.86%、26.43%和 40%,累积滞回耗能分别提高了 43.40%、80.38%和 167.83%;随着混凝土强度和轴压比的提高,钢管混凝土柱钢纤维高强混凝土剪力墙的承载力和耗能能力不断提高,但延性却随之降低,峰值荷载后强度和刚度退化加快;随着剪跨比的增大,钢管混凝土柱钢纤维高强混凝土剪力墙的承载力降低,但延性和耗能能力提高,强度和刚度退化总体呈变缓趋势。随着钢纤维掺加高度的增大,钢管混凝土柱钢纤维高强混凝土中高剪力墙的承载力、延性和耗能能力均有所提高,强度和刚度退化逐步变缓。但当钢纤维掺加高度超过剪力墙高度的 60%时,再增大钢纤维掺加高度,对钢管混凝土柱钢纤维高强混凝土中高剪力墙承载力、延性和耗能能力的影响不大,对其强度和刚度退化曲线变缓趋势的影响较小。因此,在钢管混凝土柱钢纤维高强混凝土中高剪力墙高度的 60%范围内掺入钢纤维即可达到较好的增强效果。

(3)钢管混凝土柱钢纤维高强混凝土低矮剪力墙的受剪承载力计算模型,可采用钢管混凝土柱受剪承载力与钢纤维高强混凝土剪力墙墙体受剪承载力的叠加进行计算;钢纤维高强混凝土墙体的受剪机制为斜压杆—桁架机构的综合作用;随钢纤维体积率、混凝土强度和轴压比的增大,钢管混凝土柱钢纤维高强混凝土低矮剪力墙受剪承载力明显提高;将试验研究与理论分析相结合,基于钢纤维分布,建立了考虑钢纤维体积率、混凝土强度和轴压比等因素影响并与钢管混凝土柱普通混凝土剪力墙、钢筋钢纤维混凝土剪力墙计算相衔接的钢管混凝土柱钢纤维高强混凝土剪力墙受剪承载力计算方法;基于软化桁架理论,建立了与钢管混凝土柱普通混凝土剪力墙、钢筋钢纤维混凝土剪力墙计算相衔接的钢管混凝土柱钢纤维高强混凝土剪力墙受剪承载力计算方法;将混凝土中随机分布的钢纤维等效为水平和竖向微细分布钢筋,提出了由斜压杆、水平和竖向抗力机构组成的钢纤维混凝土剪力墙墙体受剪软化拉压杆计算模型和简化软化拉压杆计算模型,明确了混凝土、钢纤维和分布钢筋对钢纤维混凝土剪力墙墙体受剪承载力的贡献,建立了与钢管混凝土柱普通混凝土剪力墙、钢筋钢纤维混凝土剪力墙计算相衔接的钢管混凝土柱钢纤维高强混凝土剪力墙受剪承载力计算方法。

(4)随着钢纤维体积率、混凝土强度以及轴压比的增大,钢管混凝土柱钢纤维高强混凝土中高剪力墙受弯承载力明显提高。在试验研究的基础上,分析了钢管混凝土柱钢纤维高强混凝土中高剪力墙受弯破坏特点,建立了考虑钢管和钢纤维等因素影响,并与钢管混凝土柱普通混凝土剪力墙计算相衔接的钢管混凝土柱钢纤维高强混凝土剪力墙受弯承载力计算方法。

(5)以钢管混凝土柱钢纤维高强混凝土中高剪力墙的试验结果为基础,提出了钢管混凝土柱钢纤维高强混凝土中高剪力墙带下降段的四线性骨架曲线及其各关键点荷载与位移的计算公式,分析了其滞回规则,建立了适用于钢管混凝土柱钢纤维高强混凝土中高剪力墙的恢复力性能计算方法。

7.2　主要创新点

本书的主要创新如下:

(1)提出了钢管混凝土柱钢纤维高强混凝土新型剪力墙。该剪力墙将钢管混凝土柱和钢筋钢纤维高强混凝土剪力墙的优势组合,有效提高了剪力墙的承载力、延性和耗能等抗震性能。

(2)利用钢纤维分布、软化桁架模型、软化拉压杆模型和简化软化拉压杆模型的墙体受剪承载力分析方法,分别提出了钢纤维高强混凝土剪力墙墙体受剪承载力的计算模型,建立了钢管混凝土柱钢纤维高强混凝土低矮剪力墙受剪承载力计算方法。

(3)探讨了钢管混凝土柱钢纤维高强混凝土中高剪力墙的受弯破坏特点和影响受弯承载力的因素,建立了考虑钢管和钢纤维等因素影响的钢管混凝土柱钢纤维高强混凝土剪力墙受弯承载力计算方法。

(4)基于刚度退化和再加载路径指向定点的特征,提出了钢管混凝土柱钢纤维高强混凝土中高剪力墙四折线恢复力计算模型,建立了骨架曲线上各关键点荷载和位移的计算公式以及卸载刚度的计算方法。

7.3　展　望

由于时间和试验条件限制,本书进行的钢管混凝土柱钢纤维高强混凝土剪力墙抗震性能研究并不很全面和深入,尚需开展相应的有关研究,包括:

(1)剪跨比的影响。本书设计的钢管混凝土柱钢纤维高强混凝土剪力墙,其剪跨比均小于1.5,需进一步研究剪跨比大于2的钢管混凝土柱钢纤维高强混凝土剪力墙的抗震性能。

(2)轴压比的影响。本书设计的钢管混凝土柱钢纤维高强混凝土剪力墙,其轴压比均小于0.2,而在一些实际工程中,如高层建筑及超高层建筑的底部,轴压比往往较大,所以有必要增大轴压比开展进一步研究。

(3)钢筋强度等级的影响。目前,我国工程建设中正大力推广应用HRB500、HRB600级高强钢筋,有必要进一步研究高强钢筋钢纤维高强混凝土剪力墙受力性能与计算理论。

(4)钢板与钢纤维高强混凝土黏结滑移的影响。目前关于钢板与钢纤维高强混凝土黏结锚固性能的相关研究较少,而钢板与钢纤维高强混凝土的黏结锚固失效模式、黏结机制及黏结性能计算理论是设计钢管混凝土柱与钢纤维高强混凝土剪力墙连接键的理论基础,有必要进一步研究不同型式锚固钢板与钢纤维高强混凝土的黏结锚固性能。

(5)建立数值计算方法。建立合理、有效的有限元模型,对钢管混凝土柱钢纤维高强混凝土剪力墙抗震性能的影响因素进行全面、系统的分析。

参考文献

[1] Coull A, Puri R D. Analysis of coupled shear walls of variable thickness[J]. Building Science, 1967, 2(2):181-188.

[2] Beyer K, Dazio A, Priestley M J N. Shear deformations of slender reinforced concrete walls under seismic loading[J]. ACI Structural Journal, 2011, 108(2):167-177.

[3] Athanasopoulou A. Shear strength and drift capacity of reinforced concrete and high-performance fiber reinforced concrete low-rise walls subjected to displacement reversals[D]. University of Michigan, United States, 2010.

[4] Peng Y, Wu H, Zhuge Y. Strength and drift capacity of squat recycled concrete shear walls under cyclic loading[J]. Engineering Structures, 2015, 100:356-368.

[5] Bekö A, Rosko P, Wenzel H, et al. RC shear walls: Full-scale cyclic test, insights and derived analytical model[J]. Engineering Structures, 2015, 102:120-131.

[6] Li B, Qian K, Wu H. Flange effects on seismic performance of reinforced concrete squat walls with irregular or regular openings[J]. Engineering Structures,2016, 110:127-144.

[7] 刘伯叔, 钱国芳, 童岳生. 高层剪力墙的强度及变形性能的研究[J]. 西安建筑科技大学学报(自然科学版), 1989(1):10-18.

[8] 容柏生. 高层住宅建筑中的短肢剪力墙结构体系[J]. 建筑结构学报, 1997, 18(6):14-19.

[9] 钱稼茹, 吕文, 方鄂华. 基于位移延性的剪力墙抗震设计[J]. 建筑结构学报, 1999, 20(3):42-49.

[10] 李宏男, 李兵. 钢筋混凝土剪力墙抗震恢复力模型及试验研究[J]. 建筑结构学报, 2004, 25(5):35-42.

[11] 陈勤, 钱稼茹, 李耕勤. 剪力墙受力性能的宏模型静力弹塑性分析[J]. 土木工程学报, 2004, 37(3):35-43.

[12] 郑山锁, 侯丕吉, 李磊, 等. RC 剪力墙地震损伤试验研究[J]. 土木工程学报, 2012, 45(2):51-59.

[13] Alex E Cardenas, John M Hanson, W Gene Corley, et al. Design provisions for shear walls[J]. ACI Structural Journal, 1973, 70(3):221-230.

[14] Su R K L, Wong S M. Seismic behaviour of slender reinforced concrete shear walls under high axial load ratio[J]. Engineering Structures, 2007, 29(8):1957-1965.

[15] Jalali A, Dashti F. Nonlinear behavior of reinforced concrete shear walls using macroscop-

ic and microscopic models[J]. Engineering Structures, 2010, 32(9):2959-2968.

[16] Gonzales H, López-Almansa F. Seismic performance of buildings with thin RC bearing walls[J]. Engineering Structures, 2012, 34(1):244-258.

[17] Mullapudi T R S, Charkhchi P, Ayoub A. Behavior of shear-dominant thin-walled RC structures[J]. Thin-Walled Structures, 2013, 63(3):134-146.

[18] Quiroz L G, Maruyama Y, Zavala C. Cyclic behavior of thin RC Peruvian shear walls: Full-scale experimental investigation and numerical simulation[J]. Engineering Structures, 2013, 52(9):153-167.

[19] Mosoarca M. Failure analysis of RC shear walls with staggered openings under seismic loads[J]. Engineering Failure Analysis, 2014, 41(5):48-64.

[20] Hidalgo P A, Ledezma C A, Jordan R M. Seismic behavior of squat reinforced concrete shear walls[J]. Earthquake Spectra, 2002, 18(2):287-308.

[21] Hung C C, Lu W T. Towards achieving the desired seismic performance for hybrid coupled structural walls[J]. Earthquakes & Structures, 2015, 9(6):1251-1272.

[22] Hung C C, Lu W T. A performance-based design method for coupled wall structures[J]. Journal of Earthquake Engineering, 2017, 21(4):579-603.

[23] Massone L M, Wallace J W, Bonelli P, et al. Damage and implications for seismic design of RC structural wall buildings[J]. Earthquake Spectra, 2012, 28(S1):281-299.

[24] Weng Y K, Pampanin S. The seismic performance of RC buildings in the 22 February 2011 Christchurch earthquake[J]. Structural Concrete, 2011,12(4):223-233.

[25] 周颖, 吕西林. 智利地震钢筋混凝土高层建筑震害对我国高层结构设计的启示[J]. 建筑结构学报, 2011, 32(5):17-23.

[26] Westenenk B, Llera J C D L, Jünemann R, et al. Analysis and interpretation of the seismic response of RC buildings in Concepción during the February 27, 2010, Chile earthquake[J]. Bulletin of Earthquake Engineering, 2013, 11(1):69-91.

[27] 方小丹, 魏琏. 关于建筑结构抗震设计若干问题的讨论[J]. 建筑结构学报, 2011, 32(12):46-51.

[28] 中华人民共和国住房和城乡建设部. 高层建筑混凝土结构技术规程:JGJ 3—2010[S]. 北京: 中国建筑工业出版社, 2010.

[29] ACI Committee 318. Building code requirements for structural concrete(ACI 318-14) and commentary(ACI 318R-14)[M]. ACI Committee318,2014.

[30] Zhang Y, Wang Z. Seismic behavior of reinforced concrete shear walls subjected to high axial loading[J]. ACI Structural Journal, 2000, 97(5):739-750.

[31] Wallace J W. February 27, 2010 Chile Earthquake: Preliminary observations on structural performance and implications for U. S. building codes and standards[C]// Structures Congress. 2011:1672-1685.

[32] Massone L M, Bonelli P, Lagos R, et al. Seismic design and construction practices for RC structural wall buildings[J]. Earthquake Spectra, 2012, 28(S1):245-256.

[33] Lefas I D, Kotsovos M D, Ambraseys N N. Behavior of reinforced concrete structural walls: Strength, deformation characteristics, and failure mechanism[J]. ACI Structural Journal, 1990, 87(1):23-31.

[34] 韩林海, 杨有福. 现代钢管混凝土结构技术[M]. 北京:中国建筑工业出版社, 2004.

[35] 廖飞宇, 陶忠, 韩林海. 钢-混凝土组合剪力墙抗震性能研究简述[J]. 地震工程与工程振动, 2006, 26(5):129-135.

[36] 钟善桐. 高层钢-混凝土组合结构[M]. 广州:华南理工大学出版社, 2003.

[37] 王敏, 曹万林, 张建伟. 组合剪力墙的抗震研究与发展[J]. 地震工程与工程振动, 2007, 27(5):80-87.

[38] Zhao Q, Astaneh-Asl A. Cyclic Behavior of traditional and innovative composite shear walls[J]. Journal of Structural Engineering, 2004, 130(2):271-284.

[39] Paulay T, Santhakumar A R. Ductile behavior of coupled shear walls [J]. American Society of Civil Engineers, 1976, 102(1):93-108.

[40] Fiorato A E, Oesterle R G, Corley W G. Behavior of earthquake resistant structural walls before and after repair [J]. American Concrete Institute Journal, 1983, 80(5):403-413.

[41] 吕文, 钱稼茹. 钢筋混凝土剪力墙延性的试验和计算[J]. 清华大学学报(自然科学版), 1999, 39(4):88-91.

[42] 章红梅. 剪力墙结构基于性态的抗震设计方法研究[D]. 上海:同济大学, 2007.

[43] Kwan A K H, Dai H, Cheung Y K. Non-linear seismic response of reinforced concrete slit shear walls [J]. Journal of Sound & Vibration, 1999, 226(4):701-718.

[44] Dai H, Kwan A K H, Cheung Y K. Elasto-plastic analysis of reinforced concrete slit shear walls [J]. Structures & Buildings, 1998, 128(4):342-350.

[45] 夏晓东. 钢筋混凝土有边框带缝槽低剪力墙抗震性能的试验研究和延性设计[D]. 南京:东南大学, 1989.

[46] 戴航, 关国雄, 张佑启. 带缝钢筋混凝土高剪力墙抗震性能研究[J]. 东南大学学报(自然科学版), 1997, 27(S1):39-44.

[47] 叶列平, 康胜, 曾勇. 双功能带缝剪力墙的弹性受力性能分析[J]. 清华大学学报(自然科学版), 1999, 39(12):79-81.

[48] 袁新禧, 潘志宏, 李爱群, 等. 带竖缝及金属阻尼器混凝土剪力墙抗震性能研究[J]. 土木工程学报, 2014, 47(S1):118-123.

[49] 戴航, 陈贵. 带水平短缝墙及低剪力墙的动力反应和耗能分析[J]. 东南大学学报(自然科学版), 1992, 22(5):58-65.

[50] 李惠, 徐强, 吴波. 钢管混凝土耗能低剪力墙[J]. 哈尔滨建筑大学学报, 2000, 33

(2):18-23.
[51] 党像梁，吕西林，周颖．底部开水平缝摇摆剪力墙抗震性能分析[J]．地震工程与工程振动，2013，33(5):182-189.
[52] 曹万林，张建伟，崔立长，等．钢筋混凝土带暗支撑双功能低矮剪力墙抗震性能试验研究[J]．建筑结构学报，2003，24(1):46-53.
[53] 曹万林，张建伟，田宝发，等．带暗支撑低矮剪力墙抗震性能试验及承载力计算[J]．土木工程学报，2004，37(3):44-51.
[54] 曹万林，杨兴民，黄选明，等．带钢筋及钢骨暗支撑剪力墙抗震性能试验研究[J]．世界地震工程，2005，21(1):1-6.
[55] 杜波．带暗支撑型钢高强混凝土中高剪力墙抗震性能试验研究[D]．重庆:重庆大学，2011.
[56] 黄建军．不同型式暗支撑型钢高强混凝土中高剪力墙抗震性能试验研究[D]．重庆:重庆大学，2012.
[57] 伍云天，周忠亮，李立仁，等．内置型钢桁架高强混凝土低剪力墙抗震性能研究[J]．建筑结构学报，2015，36(6):53-60.
[58] 乔彦明，钱稼茹，方鄂华．钢骨混凝土剪力墙抗剪性能的试验研究[J]．建筑结构，1995(8):3-7.
[59] 罗英．带SRC边框低剪力墙的抗震性能试验研究[D]．成都:西南交通大学，1995.
[60] 刘航，蓝宗建，庞同和，等．劲性钢筋混凝土低剪力墙抗震性能试验研究[J]．工业建筑，1997，27(5):32-36.
[61] 王志浩，方鄂华，钱稼茹．钢骨混凝土剪力墙的抗弯性能[J]．建筑结构，1998(2):13-16.
[62] 黄雄军，赵世春．带劲性钢筋混凝土边框低剪力墙的试验研究[J]．西南交通大学学报，1999，34(5):535-539.
[63] 吕西林，董宇光，丁子文．截面中部配置型钢的混凝土剪力墙抗震性能研究[J]．地震工程与工程振动，2006，26(6):101-107.
[64] 李莉，薛素铎，曹万林．高强混凝土-型钢组合剪力墙抗震性能试验[J]．北京工业大学学报，2010，36(7):920-927.
[65] 冯鹏，初明进，叶列平，等．冷弯薄壁型钢混凝土剪力墙受剪性能试验研究[J]．建筑结构学报，2010，31(11):83-91.
[66] 陈涛，肖从真，田春雨，等．高轴压比钢-混凝土组合剪力墙压弯性能试验研究[J]．土木工程学报，2011，44(6):1-7.
[67] 马恺泽，刘伯权，梁兴文．型钢混凝土剪力墙的设计方法[J]．中南大学学报(自然科学版)，2013，44(9):3807-3814.
[68] 王晓燕，苏益声，燕柳斌．一字形型钢高强混凝土短肢剪力墙抗震性能试验研究[J]．建筑结构学报，2014，35(2):46-54.

[69] 龚丽妍. 带洞口装配式钢管砼剪力墙抗震性能试验研究[D]. 唐山:华北理工大学, 2015.

[70] 方小丹, 蒋标, 韦宏, 等. 钢管高强混凝土剪力墙轴心受压试验研究[J]. 建筑结构学报, 2013, 34(3):100-109.

[71] 钱稼茹, 魏勇, 赵作周, 等. 高轴压比钢骨混凝土剪力墙抗震性能试验研究[J]. 建筑结构学报, 2008, 29(2):43-50.

[72] 郝智海. 钢管混凝土排柱剪力墙非线性性能分析[D]. 兰州:兰州理工大学, 2012.

[73] 梁兴文, 马恺泽, 李菲菲, 等. 型钢高强混凝土剪力墙抗震性能试验研究[J]. 建筑结构学报, 2011, 32(6):68-75.

[74] 白亮, 周天华, 梁兴文. 型钢高强混凝土剪力墙性能设计方法研究[J]. 土木工程学报, 2012, 45(8):25-32.

[75] 江枣. 竖向组合构件抗震性能研究[D]. 北京:清华大学, 2010.

[76] 方小丹, 韦宏, 刘庆辉. 钢管高强混凝土剪力墙抗震性能试验研究[J]. 建筑结构学报, 2015, 36(9):1-8.

[77] 赵作周, 贺小岗, 杨光, 等. 高轴压比下钢管高强混凝土组合剪力墙抗震性能试验研究[J]. 建筑结构学报, 2016, 37(9):108-116.

[78] Derecho A T, Iqbal M, Ghosh S K, et al. Structural walls in earthquake-resistant buildings dynamic analysis of isolated structural walls development of design procedure--design force levels[J]. Portland Cement Association (PCA) R & D Serial No. 0665, 1981.

[79] 李振宝, 宋优优, 张辉明, 等. 暗柱配置 1 000 MPa 级高强钢筋混凝土剪力墙抗震性能研究[J]. 工业建筑, 2014, 44(12):57-62.

[80] Sittipunt C, Wood S L. Influence of web reinforcement on the cyclic response of structural walls[J]. ACI Structural Journal, 1995, 92(6):745-756.

[81] 吕西林, 干淳洁, 王威. 内置钢板钢筋混凝土剪力墙抗震性能研究[J]. 建筑结构学报, 2009, 30(5):89-96.

[82] 廖飞宇, 陶忠. 带不同类型边框柱的剪力墙力学性能试验[J]. 工业建筑, 2007, 37(12):31-34.

[83] Liao F Y, Han L H, Tao Z. Seismic behaviour of circular CFST columns and RC shear wall mixed structures: Experiments[J]. Journal of Constructional Steel Research, 2009, 65(8-9):1582-1596.

[84] 杨亚彬, 张建伟, 曹万林, 等. 圆钢管混凝土边框内藏钢桁架剪力墙抗震性能试验研究[J]. 地震工程与工程振动, 2011, 31(3):122-126.

[85] Hu H S, Nie J G, Fan J S, et al. Seismic behavior of CFST-enhanced steel plate-reinforced concrete shear walls[J]. Journal of Constructional Steel Research, 2016, 119:176-189.

[86] 董宏英, 杨信强, 曹万林, 等. 钢管混凝土叠合柱边框内藏钢桁架核心筒抗震性能

试验研究[J]. 地震工程与工程振动, 2011, 31(1):41-47.
[87] 张建伟, 杨亚彬, 曹万林, 等. 圆钢管混凝土边框多重组合低矮剪力墙的抗震性能[J]. 建筑科学与工程学报, 2011, 28(3):23-28.
[88] 杨亚彬, 张建伟, 曹万林, 等. 圆钢管混凝土边框剪力墙抗震性能试验研究[J]. 世界地震工程, 2011, 27(1):78-82.
[89] 王敏, 曹万林, 张建伟, 等. 钢管混凝土边框高强混凝土组合剪力墙抗震性能试验研究[J]. 地震工程与工程振动, 2008, 28(2):90-95.
[90] 曹万林, 王敏, 王绍合, 等. 高轴压比下钢管混凝土边框组合剪力墙抗震性能试验研究[J]. 地震工程与工程振动, 2008, 28(1):85-90.
[91] 许成祥, 付晨曦, 杨炳, 等. 碳纤维布加固震损钢管混凝土柱抗震性能试验研究[J]. 世界地震工程, 2015, 31(3):228-235.
[92] 郑志东. 内置竖向型钢SRC中高剪力墙受力性能有限元分析[D]. 重庆:重庆大学, 2014.
[93] 黄嘉伟. 不锈钢钢筋混凝土桥梁梁的疲劳性能试验研究[D]. 广州:广东工业大学, 2013.
[94] 聂建国, 卜凡民, 樊健生. 低剪跨比双钢板-混凝土组合剪力墙抗震性能试验研究[J]. 建筑结构学报, 2011, 32(11):74-81.
[95] 周绪红, 张素梅, 刘界鹏. 钢管约束钢筋混凝土压弯构件滞回性能试验研究与分析[J]. 建筑结构学报, 2008, 29(5):75-84.
[96] Shirali N M. Seismic resistance of hybrid shear wall system [D]. Darmstadt University of Technology, Germany, 2002.
[97] Vetr M G, Shirali N M, Ghamari A. Seismic resistance of hybrid shear wall (HSW) systems[J]. Journal of Constructional Steel Research, 2016, 116:247-270.
[98] 王敏, 曹万林, 张建伟, 等. 内藏桁架矩形钢管混凝土边框剪力墙抗震性能[J]. 北京工业大学学报, 2010, 36(12):1642-1649.
[99] 曹万林, 许方方, 董宏英, 等. 钢管混凝土边框内藏钢板组合剪力墙正截面受弯性能分析[J]. 世界地震工程, 2013, 29(1):8-14.
[100] 陈肇元, 朱金铨, 吴佩刚. 高强混凝土及其应用[M]. 北京:清华大学出版社, 1992.
[101] 陈肇元. 高强与高性能混凝土的发展及应用[J]. 土木工程学报, 1997, 30(5):3-11.
[102] 冯乃谦. 高性能混凝土结构[M]. 北京:机械工业出版社, 2004.
[103] 聂建国, 王洪全, 谭英, 等. 钢-高强混凝土组合梁的试验研究[J]. 建筑结构学报, 2004, 25(1):58-62.
[104] 钟铭, 王海龙, 刘仲波, 等. 高强钢筋高强混凝土梁静力和疲劳性能试验研究[J]. 建筑结构学报, 2005, 26(2):94-100.

[105] 胡少伟，陈亮．复合弯扭作用下预应力钢箱高强混凝土组合梁受力性能试验研究[J]．建筑结构学报，2010，31(S1)：379-384.

[106] 贾金青，张建成，郭子雄，等．钢骨超高强混凝土柱-钢骨普通混凝土梁组合框架抗震性能试验研究[J]．建筑结构学报，2016，37(12)：97-104.

[107] 刘义，高宗祺，陆建勇，等．预应力钢带加固钢筋混凝土梁柱受力性能试验研究[J]．建筑结构学报，2013，34(10)：120-127.

[108] 周绪红，刘界鹏，张素梅．方钢管约束钢筋高强混凝土超短柱抗震性能试验研究[J]．土木工程学报，2010，43(8)：1-10.

[109] 朱美春，刘建新，王清湘．钢骨-方钢管高强混凝土柱抗震性能试验研究[J]．土木工程学报，2011，44(7)：55-63.

[110] 郑山锁，张亮，李磊，等．型钢高强混凝土框架柱抗震性能试验研究[J]．建筑结构学报，2012，33(5)：124-132.

[111] 叶桃．常规、锈蚀环境下TRC加固钢筋混凝土柱抗震性能研究[D]．徐州：中国矿业大学，2016.

[112] 曾洪超．FRP加固混凝土竖向构件的抗震性能研究[D]．北京：北京工业大学，2010.

[113] 刘岩．内置芯柱带保温夹层砌体结构抗震性能试验与理论研究[D]．天津：河北工业大学，2015.

[114] 叶列平，丁大钧．高强混凝土框架柱抗震性能的试验研究[J]．建筑结构学报，1992，13(4)：41-48.

[115] 王清湘，赵国藩，林立岩．高强混凝土柱延性的试验研究[J]．建筑结构学报，1995，16(4)：22-31.

[116] 刘伯权，白国良，张国军．高轴压比高强混凝土框架柱抗震性能试验研究[J]．土木工程学报，2005，38(1)：45-50.

[117] 张国军．高轴压比高强混凝土框架柱抗震性能尺度效应分析[J]．结构工程师，2017，33(4)：117-122.

[118] 司炳君，孙治国，王东升，等．高强箍筋约束高强混凝土柱抗震性能研究综述[J]．土木工程学报，2009，42(4)：1-9.

[119] 吕西林，张国军，陈绍林．高轴压比高强混凝土足尺框架柱抗震性能研究[J]．建筑结构学报，2009，30(3)：20-26.

[120] 王代．FRP-混凝土-钢管组合方柱受压性能及承载力计算方法[D]．郑州：郑州大学，2016.

[121] 史庆轩，杨坤，白力更，等．高强箍筋约束高强混凝土柱抗震性能试验研究[J]．土木工程学报，2011，44(12)：9-17.

[122] 柯晓军．新型高强混凝土组合柱抗震性能及设计方法研究[D]．西安：西安建筑科技大学，2014.

[123] 刘晓. 钢管钢骨高强混凝土组合构件力学性能研究[D]. 沈阳:东北大学, 2009.

[124] 李升才. 焊接环式箍筋约束高强混凝土柱恢复力模型试验研究[J]. 建筑结构学报, 2016, 37(1):41-47.

[125] 青山博之. 现代高层钢筋混凝土结构设计[M]. 张川,译. 重庆:重庆大学出版社, 2006.

[126] 梁兴文, 邓明科, 张兴虎, 等. 高性能混凝土剪力墙性能设计理论的试验研究[J]. 建筑结构学报, 2007, 28(5):80-88.

[127] 梁兴文, 杨鹏辉, 崔晓玲, 等. 带端柱高强混凝土剪力墙抗震性能试验研究[J]. 建筑结构学报, 2010, 31(1):23-32.

[128] 梁兴文, 辛力, 邓明科, 等. 高强混凝土剪力墙抗震性能及其性能指标试验研究[J]. 土木工程学报, 2010, 43(11):37-45.

[129] 张蓝方. 带窗下墙的预制混凝土剪力墙结构抗震性能研究[D]. 合肥:合肥工业大学, 2017.

[130] 方小丹, 李照林, 韦宏, 等. 高配筋率边缘约束构件高强混凝土剪力墙抗震性能试验研究[J]. 建筑结构学报, 2011, 32(12):145-153.

[131] 丁永君, 于敬海, 李端, 等. 高强钢筋高强混凝土双连梁剪力墙抗震性能试验研究[J]. 建筑结构学报, 2015, 36(3):56-63.

[132] 张曰果, 张隆飞, 阎石. 高强钢筋高强混凝土剪力墙抗震性能试验[J]. 沈阳建筑大学学报(自然科学版), 2010, 26(1):119-123.

[133] 刘藏. 带暗支撑高强混凝土低矮剪力墙抗震性能试验研究[D]. 重庆:重庆大学, 2010.

[134] 韩建强, 李莉, 王一功, 等. C80 高强混凝土钢板剪力墙抗震延性关键技术试验研究[J]. 土木工程学报, 2014, 47(12):27-38.

[135] 冷江雪. 带暗支撑冷弯型钢高强混凝土中高剪力墙抗震性能的试验研究[D]. 重庆:重庆大学, 2015.

[136] Chen L, Mahmoud H, Tong S M, et al. Seismic behavior of double steel plate-HSC composite walls[J]. Engineering Structures, 2015, 102:1-12.

[137] Wu Y, Yang W, Xiao Y. Seismic behavior of high strength concrete composite walls with embedded steel truss[J]. Journal of Constructional Steel Research, 2016, 118:180-193.

[138] Chen Z, Xu J, Chen Y, et al. Seismic behavior of T-shaped steel reinforced high strength concrete short-limb shear walls under low cyclic reversed loading[J]. Structural Engineering & Mechanics, 2016, 57(4):681-701.

[139] 左晓宝, 戴自强, 李砚波. 改善高强混凝土剪力墙抗震性能的试验研究[J]. 工业建筑, 2001, 31(6):37-193.

[140] 张展. 高性能混凝土剪力墙平面内承载力分析[D]. 上海:同济大学, 2004.

[141] 李莉, 薛素铎, 曹万林. 高强高性能混凝土剪力墙的研究现状及展望[J]. 世界地

震工程, 2008, 24(2):90-96.

[142] Gupta A, Rangan B V. High-strength concrete (HSC) structural walls[J]. ACI Structural Journal, 1998, 95(2):194-204.

[143] Farvashany F E, Foster S J, Rangan B V. Strength and deformation of high-strength concrete shear walls[J]. ACI Structural Journal, 2008, 105(1):21-29.

[144] Liang X, Che J, Yang P, et al. Seismic behavior of high-strength concrete structural walls with edge columns[J]. ACI Structural Journal, 2013, 110(6):953-964.

[145] 高丹盈, 刘建秀. 钢纤维混凝土基本理论[M]. 北京:科学技术文献出版社, 1994.

[146] 朱海堂, 高丹盈, 谢丽, 等. 钢纤维高强混凝土弯曲韧性的研究[J]. 硅酸盐学报, 2004, 32(5):656-660.

[147] 朱海堂, 高丹盈, 汤寄予. 钢纤维高强混凝土的强度指标及其相互关系[J]. 建筑材料学报, 2009, 12(3):323-327.

[148] 张廷毅, 李庆斌, 汪自力, 等. 钢纤维高强混凝土断裂韧度及影响因素[J]. 硅酸盐学报, 2012, 40(5):638-645.

[149] 崔光昊. 重复荷载下 FRP 筋钢纤维高强混凝土梁受弯性能研究[D]. 郑州:郑州大学, 2017.

[150] Banthia N, Mirsayah A A. Shear strength of steel fiber-reinforced concrete[J]. ACI Materials Journal, 2002, 99(5):473-479.

[151] Singh S P, Kaushik S K. Flexural fatigue analysis of steel fiber-reinforced concrete[J]. ACI Materials Journal, 2001, 98(4):306-312.

[152] 高丹盈, 朱海堂, 汤寄予. 纤维高强混凝土抗剪性能的试验研究[J]. 建筑结构学报, 2004, 25(6):88-92.

[153] Gao D, Zhang L, Nokken M. Compressive behavior of steel fiber reinforced recycled coarse aggregate concrete designed with equivalent cubic compressive strength[J]. Construction & Building Materials, 2017, 141:235-244.

[154] Massone L M, Kang H K, Kim W, et al. Shear-flexure coupling behavior of steel fiber-reinforced concrete beams[J]. ACI Structural Journal, 2012, 109(4):435-444.

[155] Saridemir M, Severcan M H, Celikten S. Mechanical properties of SFRHSC with metakaolin and ground pumice: Experimental and predictive study[J]. Steel & Composite Structures, 2017, 23(5):543-555.

[156] Gao D, Yan D, Li X. Splitting strength of GGBFS concrete incorporating with steel fiber and polypropylene fiber after exposure to elevated temperatures[J]. Fire Safety Journal, 2012, 54(54):67-73.

[157] Gao D, Yan D, Li X. Flexural properties after exposure to elevated temperatures of a ground granulated blast furnace slag concrete incorporating steel fibers and polypropylene fibers[J]. Fire & Materials, 2015, 38(5):576-587.

[158] 刘伟庆，丁大钧. 钢纤维钢筋高强混凝土梁刚度的试验研究[J]. 建筑结构学报，1992，13(1):25-33.

[159] 郑建岚，钱春，郑作樵. 钢纤维钢筋高强混凝土柱延性的试验研究[J]. 土木工程学报，1999，32(1):56-59.

[160] 高丹盈. 钢纤维混凝土设计与应用[M]. 北京:中国建筑工业出版社，2002.

[161] 姜睿. 高轴压比钢纤维超高强混凝土短柱延性的试验研究[J]. 建筑结构学报，2007，28(A1):230-235.

[162] 卢亦焱，陈娟，李杉. 钢管钢纤维高强混凝土短柱轴心受压试验研究[J]. 建筑结构学报，2011，32(10):166-172.

[163] Xia Z M，Naaman A E. Behavior and modeling of infill fiber-reinforced concrete damper element for steel-concrete shear wall[J]. ACI Structural Journal，2002，99(6):727-739.

[164] 李凤兰，赵顺波，黄承逵. 配筋钢纤维混凝土梁受剪承载力设计方法研究[J]. 工业建筑，2003，33(10):66-68.

[165] 高丹盈，张明，赵军. 疲劳荷载下钢纤维高强混凝土梁裂缝宽度的计算方法[J]. 土木工程学报，2013，46(3):40-48.

[166] 高丹盈，张明，朱海堂. 钢筋钢纤维高强混凝土梁疲劳试验研究及刚度计算[J]. 建筑结构学报，2013，34(8):142-149.

[167] 陈亚亮，郑建岚. 钢纤维高强无黏结预应力混凝土扁梁框架抗震性能试验研究[J]. 建筑结构学报，2004，25(5):29-34.

[168] 史科. 钢筋钢纤维高强混凝土梁柱节点抗震性能及计算方法[D]. 郑州:郑州大学，2016.

[169] 高丹盈，史科，赵顺波. 钢筋钢纤维高强混凝土梁柱节点承载力计算方法[J]. 建筑结构学报，2014，35(2):71-79.

[170] 高丹盈，尤培波，史科. 钢筋钢纤维混凝土梁柱节点损伤特性及其计算方法[J]. 建筑结构学报，2017，38(11):82-92.

[171] Cai G，Zhao J，Degée H，et al. Shear capacity of steel fibre reinforced concrete coupling beams using conventional reinforcements[J]. Engineering Structures，2016，128:428-440.

[172] Zhao J，Dun H. A restoring force model for steel fiber reinforced concrete shear walls [J]. Engineering Structures，2014，75:469-476.

[173] 唐兴荣，蒋永生，丁大钧. 软化桁架理论在钢纤维高强砼低剪力墙中的应用[J]. 建筑结构学报，1993，14(2):2-11.

[174] 赵军，邱计划，高丹盈. 钢纤维部分增强混凝土剪力墙延性及耗能性能试验研究[J]. 应用基础与工程科学学报，2010，18(6):940-949.

[175] 赵军，高丹盈，杜兴亮. 钢纤维混凝土低剪力墙抗震性能试验研究[J]. 地震工程

与工程振动, 2009, 29(4):103-108.

[176] Lim W G, Kang S W, Yun H D. Shear behavior of squat steel fiber reinforced concrete (SFRC) shear walls with vertical slits[J]. Applied Mechanics & Materials, 2013, 372: 207-210.

[177] Eom T, Kang S, Kim O. Earthquake resistance of structural walls confined by conventional tie hoops and steel fiber reinforced concrete[J]. Earthquakes & Structures, 2014, 7(5):843-859.

[178] Choun Y S, Lee J H, Jeon J K. Evaluation of shear resisting capacity of a conventional reinforced concrete wall with steel or polyamide fiber reinforcement[J]. Journal of Korean Society of Hazard Mitigation, 2013, 13(3):1-7.

[179] Driver R G. Cyclic Test of four-story steel plate shear wall[J]. Journal of Structural Engineering, 1998, 124(2):112-120.

[180] Astaneh-Asl A,Zhao Q. Cyclic behavior of steel shear wall systems[C]// Annual Stability Conference. United States, 2002.

[181] 廖飞宇. 带钢管混凝土边柱的钢筋混凝土剪力墙抗震性能研究[D]. 福州:福州大学, 2007.

[182] 中国工程建设标准化协会. 矩形钢管混凝土结构技术规程:CECS 159:2004[S]. 北京:中国计划出版社,2004.

[183] 夏汉强, 刘嘉祥. 矩形钢管混凝土柱带框剪力墙的应用及受力分析[J]. 建筑结构, 2005, 35(1):16-18.

[184] 王敏. 钢管混凝土边框内藏桁架组合剪力墙抗震试验与理论研究[D]. 北京:北京工业大学, 2009.

[185] 杨亚彬. 圆钢管混凝土边框内藏钢桁架剪力墙抗震试验与理论研究[D]. 北京:北京工业大学, 2011.

[186] 曹万林, 曾彬, 王敏, 等. 钢管混凝土边框与剪力墙连接键工作性能试验[J]. 北京工业大学学报, 2009, 35(5):603-610.

[187] 张文江. 钢管混凝土边框内藏钢板组合剪力墙抗震性能试验与理论研究[D]. 北京:北京工业大学, 2012.

[188] 聂建国, 胡红松, 李盛勇, 等. 方钢管混凝土暗柱内嵌钢板-混凝土组合剪力墙抗震性能试验研究[J]. 建筑结构学报, 2013, 34(1):52-60.

[189] 唐兴荣. 钢纤维钢筋高强混凝土低剪力墙抗剪强度和抗震性能的试验研究[D]. 南京:东南大学, 1989.

[190] 杜兴亮. 钢筋钢纤维混凝土剪力墙受剪及抗震性能试验研究[D]. 郑州:郑州大学, 2007.

[191] 张明. 钢筋钢纤维混凝土剪力墙受弯及抗震性能试验研究[D]. 郑州:郑州大学, 2007.

[192] 邱计划. 钢纤维增强部分混凝土剪力墙受力性能试验研究[D]. 郑州:郑州大学, 2007.

[193] 赵军, 张扬, 曾令昕, 等. 钢纤维混凝土双肢剪力墙抗震性能试验[J]. 土木工程与管理学报, 2017, 34(2):5-8.

[194] 楚留声, 赵军, 王卫仑. 边框钢纤维混凝土剪力墙抗震性能研究[J]. 应用基础与工程科学学报, 2016, 24(6):1279-1288.

[195] 王丽君. 钢纤维混凝土剪力墙非线性有限元分析[D]. 郑州:郑州大学, 2010.

[196] 顿华华. 钢纤维增强钢筋混凝土剪力墙及连梁的非线性分析[D]. 郑州:郑州大学, 2013.

[197] 王莎. 基于修正压力场理论的钢纤维混凝土连梁及剪力墙的抗剪性能研究[D]. 郑州:郑州大学, 2015.

[198] 张晓峰. 部分掺加钢纤维的轻骨料混凝土剪力墙抗震性能试验研究[D]. 北京:北京交通大学, 1990.

[199] 刘长晟. 轻骨料砼和局部掺加钢纤维轻骨料砼带边框剪力墙抗震性能的试验研究[D]. 北京:北京交通大学, 1990.

[200] 吴冲. 钢纤维再生混凝土低矮剪力墙抗震性能试验研究[D]. 厦门:华侨大学, 2012.

[201] 中华人民共和国住房和城乡建设部. 混凝土结构设计规范:GB 50010—2010[S]. 北京:中国建筑工业出版社, 2010.

[202] 中华人民共和国住房和城乡建设部, 中华人民共和国国家质量监督检验检疫总局. 钢管混凝土结构技术规范:GB 50936—2014[S]. 北京:中国建筑工业出版社, 2014.

[203] 中华人民共和国住房和城乡建设部. 混凝土用水标准:JGJ 63—2006[S]. 北京:中国建筑工业出版社, 2006.

[204] 中华人民共和国住房和城乡建设部. 建筑结构用冷弯矩形钢管:JGT 178—2005[S]. 北京:中国标准出版社, 2005.

[205] 中华人民共和国国家质量监督检验检疫总局, 中国国家标准化管理委员会. 金属材料　拉伸试验　第1部分:室温试验方法:GB/T 228.1—2010[S]. 北京:中国标准出版社, 2010.

[206] 中华人民共和国住房和城乡建设部, 中华人民共和国国家质量监督检验检疫总局. 普通混凝土力学性能试验方法标准:GB/T 50081—2002[S]. 北京:中国建筑工业出版社, 2003.

[207] 中华人民共和国住房和城乡建设部. 建筑抗震试验方法规程:JGJ/T 101—2015[S]. 北京:中国建筑工业出版社, 2015.

[208] Hung C C, Li H, Chen H C. High-strength steel reinforced squat UHPFRC shear walls: Cyclic behavior and design implications[J]. Engineering Structures, 2017, 141:59-74.

[209] Paulay T, Priestley M J N, Synge A J. Ductility in earthquake resisting squat shear walls [J]. Journal of the American Concrete Institute, 1982, 79(4):257-269.

[210] 章文钢，程铁生. 钢纤维控制钢筋混凝土构件裂缝的作用[J]. 混凝土与水泥制品，1987(3):47-49.

[211] 朱伯龙. 结构抗震试验[M]. 北京:地震出版社, 1989.

[212] 唐九如. 钢筋混凝土框架节点抗震[M]. 南京:东南大学出版社, 1989.

[213] 过镇海，时旭东. 钢筋混凝土原理和分析[M]. 北京:清华大学出版社, 2003.

[214] Kay Wille, Antoine E. Naaman. Pullout behavior of high-strength steel fibers embedded in ultra-high-performance concrete[J]. ACI Materials Journal, 2012, 109(4):479-488.

[215] Chen G, Hadi M N S, Gao D, et al. Experimental study on the properties of corroded steel fibres[J]. Construction & Building Materials, 2015, 79:165-172.

[216] 赵国藩. 高等钢筋混凝土结构学[M]. 北京:机械工业出版社, 2005.

[217] 沈在康. 混凝土结构试验方法新标准应用讲评[M]. 北京:中国建筑工业出版社，1994.

[218] 中国工程建设标准化协会. 纤维混凝土结构技术规程:CECS 38:2004[S]. 北京:中国计划出版社,2004.

[219] 孙孝明. 钢管高强混凝土剪力墙受剪性能试验研究[D]. 广州:华南理工大学，2013.

[220] Paulay T, Priestly M J N. Seismic design of reinforced concrete and masonry buildings [M]. New York: Wiley, 1992:743-745.

[221] Hsu T T C, Mo Y L. Softening of concrete in low-rise shear walls[J]. Journal of the American Concrete Institute, 1985, 82(6):883-889.

[222] Collins M P. Torque-twist characteristics of reinforced concrete beams[J]. Inelasticity and Nonlinearity in Structural Concrete, 1973(8): 211-232.

[223] Collins M P. Towards a rational theory for RC members in shear[J]. ASCE Journal of the Structural Division, 1978, 104(ST4): 649-666.

[224] Vecchio F J, Collins M P. Stress-strain characteristics of reinforced concrete in pure shear[J]. ACI Structural Journal, 1981, 83(2): 211-225.

[225] Vecchio F J, Collins M P. The response of reinforced concrete to in-plane shear and normal stresses [D]. Toronto: University of Toronto, 1982.

[226] Vecchio F J, Collins M P. Modified compression field theory for reinforced concrete elements subjected to shear[J]. ACI Structural Journal, 1986, 83(2): 219-231.

[227] Vecchio F J, Collins M P. Compression response of cracked reinforced concrete[J]. Journal of Structural Engineering, 1993, 119(12): 3590-3610.

[228] Vecchio F J. Analysis of shear-critical reinforced concrete beams [J]. ACI Structural Journal, 2000, 97(1): 102-110.

[229] Hsu T T C. Softened truss model theory for shear and torsion[J]. ACI Structural Journal, 1988, 85(6): 624-635.

[230] Belarbi A, Hsu T T C. Constitutive laws of concrete in tension and reinforcing bars stiffened by concrete[J]. ACI Structural Journal, 1994, 91(4): 465-474.

[231] Pang X B, Hsu T T C. Fixed angle softened truss model for reinforced concrete[J]. ACI Structural Journal, 1996, 93(2): 196-208.

[232] 许克宾，霍铭煊，陈良江. 钢筋混凝土、预应力混凝土梁抗剪强度的软化桁架理论及试验研究[J]. 铁道学报，1991，13(3)：88-96.

[233] 刘伟庆，胡松林. 钢筋混凝土矩形截面复合受扭构件的软化桁架模型解[J]. 东南大学学报，1992，22(5)：76-83.

[234] 季韬，郑作樵，郑建岚. 一种新的钢筋混凝土软化桁架模型[J]. 建筑结构学报，2001，22(1)：69-75.

[235] 聂建国，唐亮. 基于固定角软化桁架模型的钢筋混凝土纯扭构件非线性分析[J]. 计算力学学报，2007，24(5)：545-549.

[236] 刘鸣，邢国华，吴涛，等. 固角软化桁架模型在 RC 框架变梁中节点受剪分析的应用研究[J]. 土木工程学报，2011，44(6)：68-73.

[237] 潘元，邢国华，吴涛，等. 转角软化桁架模型在 RC 变梁节点抗剪分析中的应用[J]. 中南大学学报(自然科学版)，2011，42(8)：2430-2438.

[238] Mau S T, Hsu T T C. Shear design and analysis of low-rise structural walls[J]. ACI Structural Journal, 1986, 83(2): 306-315.

[239] 刘航，庞同和，蓝宗建. 用软化桁架理论计算钢筋砼低剪力墙的承载力[J]. 东南大学学报，1997，27(S1)：60-66.

[240] 曹万林，赵宗国，常卫华，等. 变角软化桁架理论在带暗支撑剪力墙中的应用[J]. 世界地震工程，2007，23(2)：1-4.

[241] 曹万林，常卫华，赵长军，等. 内藏桁架混凝土组合低剪力墙软化桁架模型[J]. 北京工业大学学报，2008，34(3)：258-264.

[242] 马锦. 低剪力墙中陶粒混凝土的软化曲线及墙板受力性能分析[D]. 天津：天津大学，1988.

[243] Hwang S J, Lee H J. Strength prediction for discontinuity regions by softened strut-and-tie model[J]. Journal of Structural Engineering, 2002, 128(12):1519-1526.

[244] Hwang S J, Fang W H, Lee H J, et al. Analytical model for predicting shear strength of squat walls[J]. Journal of Structural Engineering, 2001, 127(1):43-50.

[245] Hwang S J, Lu W Y, Lee H J. Shear strength prediction for deep beams[J]. ACI Structural Journal, 2000, 97(3):367-376.

[246] Hwang S J, Lee H J. Analytical model for predicting shear strengths of interior reinforced concrete beam-column joints for seismic resistance[J]. ACI Structural Journal,2000, 97

(1): 35-44.

[247] Hwang S J, Lee H J. Analytical model for predicting shear strengths of exterior reinforced concrete beam-column joints for seismic resistance[J]. ACI Structural Journal, 1999, 96(5):846-858.

[248] Lu W Y. Shear strength prediction for steel reinforced concrete deep beams[J]. Journal of Constructional Steel Research, 2006, 62(10):933-942.

[249] Hwang S J, Lu W Y, Lee H J. Shear strength prediction for reinforced concrete corbels[J]. ACI Structural Journal, 2000, 97(4): 543-552.

[250] Okahashi Y, Pantelides C P. Strut-and-tie model for interior RC beam-column joints with substandard details retrofitted with CFRP jackets[J]. Composite Structures, 2017,165: 1-8.

[251] 邢国华, 刘伯权, 牛荻涛. 钢筋混凝土框架中节点受剪承载力计算的修正软化拉压杆模型[J]. 工程力学, 2013, 30(8):60-66.

[252] 闫长旺, 吕海锋, 贾金青, 等. 基于软化拉-压杆模型钢骨超高强混凝土框架节点抗剪承载力计算[J]. 大连理工大学学报, 2015, 55(1):54-59.

[253] 刘鸣, 刘伯权, 邢国华. 基于简化拉压杆模型的钢筋混凝土框架异型节点抗剪性能研究[J]. 地震工程与工程振动, 2011, 31(2):63-67.

[254] 吴涛, 邢国华, 刘伯权, 等. 基于软化拉-压杆模型方法的钢筋混凝土变梁中节点抗剪承载力研究[J]. 工程力学, 2010, 27(9):201-208.

[255] 高丹盈, 史科, 赵顺波. 基于软化拉压杆模型的钢筋钢纤维混凝土梁柱节点受剪承载力计算方法[J]. 土木工程学报, 2014, 47(9):101-109.

[256] 田建勃, 史庆轩, 王南, 等. 基于软化拉-压杆模型的小跨高比钢板-混凝土组合连梁受剪承载力分析[J]. 工程力学, 2016, 33(5):142-149.

[257] Bali I, Hwang S J. Strength and deflection prediction of double-curvature reinforced concrete squat walls[J]. Structural Engineering & Mechanics, 2007, 27(4):501-521.

[258] An A T, Al-Husaini N S H. Softened truss model theory for the analysis of fibre reinforced concrete deep beams and corbels [J]. Al-Rafadain Engineering Journal, 2014, 22(4): 12-23.

[259] Schäfer K. Strut-and-tie models for the design of structural concrete[D]. Tainan:Taiwan Cheng Kung University, 1996.

[260] Zhang L X, Hsu T T C. Behavior and analysis of 100 MPa concrete membrane elements [J]. Journal of Structural Engineering, 1998, 124(1):24-34.

[261] Foster S J, Gilbert R I. The design of nonflexural members with normal and high-strength concretes[J]. ACI Structural Journal, 1996, 93(1):3-10.

[262] Voo J Y L, Foster S J. Variable engagement model for fibre reinforced concrete in tension [D]. Sydney: The University of New South Wales, 2003.

[263] Hsu T T C. Unified theory of reinforced concrete[M]. Florida:CRC Press, 1993.
[264] 卢姗姗. 配置钢筋或 GFRP 筋活性粉末混凝土梁受力性能试验与分析[D]. 哈尔滨:哈尔滨工业大学, 2010.
[265] 陈刚. 钢筋钢纤维纳米混凝土黏结及梁受弯性能计算方法[D]. 郑州:郑州大学, 2017.
[266] 高丹盈. 钢纤维混凝土轴压应力—应变全曲线的研究[J]. 水利学报, 1991(10): 43-48.
[267] 李晓蕾, 李青宁. 钢筋混凝土短肢剪力墙恢复力模型研究[J]. 地震工程与工程振动, 2014, 34(5):100-107.
[268] 李响, 梁兴文. 高性能混凝土剪力墙恢复力模型研究[J]. 地震工程与工程振动, 2010, 30(5):42-48.
[269] 张松, 吕西林, 章红梅. 钢筋混凝土剪力墙构件恢复力模型[J]. 沈阳建筑大学学报(自然科学版), 2009, 25(4):644-649.
[270] 王坤. 基于损伤的钢筋混凝土剪力墙恢复力模型试验研究[D]. 西安:西安建筑科技大学, 2011.
[271] 党争, 梁兴文, 代洁, 等. 考虑损伤的纤维增强混凝土剪力墙恢复力模型研究[J]. 工程力学, 2016, 33(5):124-133.
[272] 寇佳亮, 梁兴文, 邓明科. 纤维增强混凝土剪力墙恢复力模型试验与理论研究[J]. 土木工程学报, 2013, 46(10):58-70.
[273] 郭新燕. 钢纤维高强混凝土剪力墙抗震试验及其恢复力计算方法[D]. 郑州:郑州大学, 2017.
[274] 赵国藩. 钢筋混凝土结构的裂缝控制[M]. 北京:海洋出版社, 1991.
[275] 高丹盈, 朱海堂, 李趁趁. 纤维增强塑料筋混凝土梁正截面抗裂性能的研究[J]. 水力发电学报, 2003, 83(4):54-59.
[276] 尤培波, 王仪, 张长辉. 纤维复合材料加固单向板抗裂性能及裂缝宽度计算方法[J]. 水电能源科学, 2014, 32(6):100-103.